低碳经济学系列教材

总主编 方洁

碳市场与碳金融实务

Tanshichang Yu Tanjinrong Shiwu

黄锦鹏 杨光星 严飞 主编

东北财经大学出版社 大连

Dongbei University of Finance & Economics Press

图书在版编目（CIP）数据

碳市场与碳金融实务 / 黄锦鹏，杨光星，严飞主编. 一大连：东北财经大学出版社，2024.2
（低碳经济学系列教材）
ISBN 978-7-5654-5092-1

Ⅰ.碳…　Ⅱ.①黄…②杨…③严…　Ⅲ.①二氧化碳–排气–中国–教材②二氧化碳–排污交易–金融市场–中国–教材　Ⅳ.①F832.2②X511

中国国家版本馆CIP数据核字（2024）第007629号

东北财经大学出版社出版发行

　　大连市黑石礁尖山街217号　邮政编码　116025

　　网　　　址：http://www.dufep.cn

　　读者信箱：dufep @ dufe.edu.cn

大连图腾彩色印刷有限公司印刷

幅面尺寸：185mm×260mm　字数：213千字　印张：14.75
2024年2月第1版　　　　2024年2月第1次印刷
责任编辑：李　季　徐　群　　责任校对：一　心
封面设计：张智波　　　　　版式设计：原　皓
定价：48.00元

前言

　　气候变化是当前人类面临的共同挑战之一，在诸多减排政策工具中，碳市场由于其通过碳价机制以最小成本进行减排的功能优势正在被越来越多的国家所采纳。党的二十大报告指出要积极稳妥推进碳达峰碳中和，完善碳排放统计核算制度，健全碳排放权市场交易制度，积极参与应对气候变化全球治理。经过10年试点探索和实践，中国已经启动了全球规模最大的碳市场，低碳发展成为实现双碳目标的重要政策抓手。当前，全国碳市场正处在建设中，在制度体系设计、市场扩容、碳排放数据质量提升等关键问题上还要不断进行优化完善，这些问题的解决需要对国内外碳市场与碳金融的理论创新、政策实践进行系统综合与集成。

　　本书从碳市场概念和理论出发，全面梳理国内外代表性碳市场的发展现状，总结其经验和教训，对碳市场核心要素MRV机制和配额分配进行重点分析，系统地对碳市场的理论和实践进行梳理和提炼，有助于加深对碳市场的理解。同时，本书按照不同产品的功能属性，对目前主流的碳金融产品进行分类阐释，初步建立了碳金融产品的分析框架，为后续研究奠定了基础。

　　本书共有9章，分为两个部分：第一部分为碳市场篇（第1~5章），主要介绍碳市场的概念和原理、国际碳市场和中国碳市场的发展现状、MRV体系和配额分配，由黄锦鹏、杨光星、严飞、邓旻江、雷琦、林思瑶等负责撰写；第二部分为碳金融篇（第6~9章），分别从融资工具、交易工具和支持工具的角度介绍了代表性碳金融产品的概念、发展历程、操作流程等，最后从风险角度介绍了碳市场风险的界定、分类、度量等内容，由黄锦鹏、李肇、曾嘉、余光等负责撰写。

　　本书的写作建立在中国提出碳达峰碳中和目标、推动"人与自然和谐共生"的中国式现代化等大背景下，立足于中国建设并运行全球规模最大的碳市场等生动实践。本书关于国内外主流碳市场的发展实践、MRV体系和配额分配机制的分析，尤其是经验教训的总结有助于完善中国碳交易制度，推动中国碳市场长远健康发展；关于不同类型碳金融产品的分析有助于中国碳市场根据国情有序吸纳合适的碳金融产品，提升中国碳市场流动性，进而推动形成有国际影响力的碳定价中心。

本书适合不同类型的读者：为政策制定者提供决策参考，为研究人员提供文献参考，不仅能够拓宽资源环境、经济金融等专业学生的视野，也能提升碳市场相关从业人员的碳资产管理意识和能力。

全书由黄锦鹏负责总体设计、组织协调并进行统稿，碳排放权交易省部共建协同创新中心的程思老师对本书提出了建设性的修改意见，周自涛老师对书稿做了最后的统一工作。感谢研究生杨钰丹、刘源、李聪慧等对本书成稿过程中所做的校对工作。

感谢碳排放权交易省部共建协同创新中心2022年度开放课题的资助，正是在该项目支持下，依靠团队紧密配合、分工合作本书才得以完成。感谢全书的所有作者所表现出来的团结协作和敬业精神。

由于作者水平有限，书中难免有疏漏之处，敬请读者包涵并批评指正。

编　者

2023年11月

目　录

第1章　概念界定与理论基础 ·· 01

1.1　基础概念 ··· 01

1.2　碳市场的产生与发展 ··· 09

本章习题 ·· 18

第2章　国际主要碳市场 ·· 19

2.1　欧盟碳市场 ·· 20

2.2　美国加州碳市场 ·· 23

2.3　韩国碳市场 ·· 29

2.4　新西兰碳市场 ·· 31

2.5　日本东京都碳市场 ·· 34

本章习题 ·· 38

第3章　中国碳市场 ·· 39

3.1　中国碳市场的兴起与发展 ·· 39

3.2　试点碳市场 ·· 45

3.3　全国碳市场 ·· 49

3.4　自愿碳市场 ·· 57

3.5　碳普惠市场 ·· 64

本章习题 ·· 68

第4章　温室气体排放监测、报告与核查 ·· 70

4.1　MRV体系发展背景 ·· 70

4.2　MRV系统的定义 ·· 72

4.3　国际碳市场MRV实践 ·· 79

4.4　国内碳市场MRV实践 ·· 85

本章习题 ·· 91

第5章　配额分配 ·· 92

5.1　碳排放配额的概念和作用 ······································ 92

5.2　配额分配方法 ·· 94

本章习题 ··· 108

第6章　碳金融产品——融资工具 ··································· 109

6.1　碳债券市场 ·· 109

6.2　碳资产抵质押融资 ·· 138

6.3　碳资产回购 ·· 149

6.4　碳基金 ·· 153

本章习题 ··· 159

第7章　碳金融产品——交易工具 ··································· 160

7.1　碳远期、碳期货和碳期权 ······································ 160

7.2　碳互换和碳置换 ··· 170

本章习题 ··· 181

第8章　碳金融产品——支持工具 ··································· 182

8.1　碳指数 ·· 182

8.2　碳保险 ·· 188

本章习题 ··· 201

第 9 章　碳市场风险 ··202

9.1　碳市场风险的界定与分类 ···202

9.2　碳市场的风险度量 ···206

本章习题 ···219

参考文献 ···220

第1章　概念界定与理论基础

随着科学技术的迅速发展，工业生产能力的迅猛增长，世界人口的剧烈膨胀，化石能源作为人类社会的主要能源在短时间被大量消耗，地层下成千上万年累积的碳含量被急速以温室气体的形式排放到空气中，造成地球气候异常，暴雨洪涝、荒漠化和大范围干旱等极端气候现象频繁发生，两极冰川加速融化，海平面上升，部分地区面临永久被海水淹没的风险等一系列问题。全球气候变暖已经引起国际社会的密切关注，成为21世纪全人类需要共同应对的重大挑战之一。

社会经济的发展引发了气候变暖问题，因此在世界各国政府积极采取措施改善环境，避免全球生态系统进一步遭到不可逆的破坏时，仍需考虑国家经济发展和环境治理之间存在的矛盾。而碳市场作为市场化的政策工具，在平衡经济和环境问题时，发挥着日益重要的作用。通过这一经济手段，人类可以创造更加健康、绿色、可持续的生存与发展模式，将经济从已有的"高碳密集型"转向"绿色低碳型"，以实现全球气候治理和能源结构转换，从而有效防止全球变暖可能带来的灾难性后果。

1.1　基础概念

1.1.1　碳排放权交易与碳排放权交易市场

碳排放权交易指的是温室气体排放权交易，在全球温室气体排放总量需要控制的背景下，温室气体排放权具有稀缺性，使得交易成为可能。联合国全球气候大会形成的《京都议定书》规定需要削弱的六种主要温室气体中，二氧化碳排放占据了

70%以上，其余五种分别是甲烷、一氧化二氮、氢氟碳化物、六氟化硫和全氟碳化物。由于二氧化碳是占比最多的温室气体，因此排放权交易一般以每吨二氧化碳当量为计量单位。

根据联合国政府间气候变化专门委员会（IPCC）的报告，全球面临的升温问题主要来源于人类活动，而在各种活动中，化石燃料燃烧、工业、土地使用排放的二氧化碳对气候影响最明显，且影响效果在持续变强。工业革命后，二氧化碳、甲烷、一氧化二氮等温室气体在短时间内大量排放进大气中，浓度已经超过过去80万年来的最高水平。未来15年，全球经济增长率可能超过50%，随着全球平均气温较前工业化时期上升幅度超过2℃。按照这个发展趋势，到21世纪末，全球变暖幅度将达到4℃，造成极端且无法再逆转的后果。因此，在15年内，2℃是一个国际社会公认的不应该超过的升温幅度。

为了缓解全球变暖的问题，减少二氧化碳排放容易被误解为是以牺牲经济发展为代价，造成社会福利下降的结果。然而，从长远角度考虑，节能减排和经济增长并不冲突。虽然短期内社会需要承担经济结构深度调整的成本，但通过应对气候变化的努力和技术的革新，经济会走上高质量增长的道路，最终实现社会经济发展和减少气候变化风险的双赢局面。而如果因为转型成本延迟了碳排放削减，温室气体浓度会不断增加，高碳资产存量也在持续固化，整个社会向低碳经济转型的成本也就越来越高昂。

碳排放权交易市场，一般简称碳市场，是指将碳排放的权利作为一种资产标的进行公开交易的市场。2005年，正式生效的《京都议定书》作为《联合国气候变化框架公约》的补充条款，确定将联合履约（JI）、清洁发展机制（CDM）、排放交易体系（ETS）作为联合减排政策的具体实施机制。排放交易体系最初用于发达国家之间的联合减排，通过市场机制降低各国减排成本。随着全球减排活动的发展，排放交易体系演变为国家或联盟集团内部实现减排的市场工具，催生了碳市场的建立。因为碳排放权受到限制，碳配额具有经济学意义上的稀缺性，使其可以以商品的形式在市场中进行买卖、流通和转让。碳交易使企业努力减排省下的碳配额可转化为自身的碳资产，在市场通过交易获得收益。而缺乏用于清缴配额的企业可以在市场购买这些交易配额以完成碳排放约束目标。碳交易形成的奖惩机制在鼓励企业减排的同时，也在刺激高排放企业进行节能技术改造或者淘汰落后产能。《京都议定书》正式生效后，全球碳市场出现了爆炸式的增长。2007 年，碳交易量从 2006 年的 16 亿吨跃升到 27 亿吨，上升 68.75%。2007 年，全球碳市场价值达 400 亿欧元，比 2006 年的 220 亿欧元上升了 81.8%。2008 年上半年，全球碳市场总值与 2007 年全年持平。

2015 年 12 月 12 日，《联合国气候变化框架公约》第二十一次缔约方会议上，近 200 个缔约方在巴黎达成《巴黎协定》。作为继《京都议定书》后第二份有法律约束力的气候协议，《巴黎协定》为 2020 年后全球应对气候变化行动作出了安排。鉴于全球气候持续的异常变化，《巴黎协定》制定的长期目标是将平均气温较前工业化时期上升幅度控制在 2℃以内，并努力将温度上升幅度限制在 1.5℃以内。各缔约方将加强应对全球气候变化威胁，根据自身情况确定应对气候变化的行动目标，制定《国家自主贡献》（Nationally Determined Contributions，NDC），且每 5 年进行一次盘点。《巴黎协定》确定了缔约国新的温室气体减排责任，对 2020 年后全球碳市场有着重要意义，奠定了现阶段碳市场发展的基础。

中国正在加速推进碳市场建设工作。地方试点碳市场肇始于 2011 年下半年，先后在深圳、北京、上海、广东、天津、湖北和重庆七个试点区域建成了碳排放权交易所，形成了"两省五市"的分布格局，后来又加入了福建和四川两个试点区的碳市场。各试点区的碳市场根据管辖试点区域的经济水平和产业特征，设计了各具特色的碳交易制度体系。在试点期间，各碳市场交易所的建设均取得了显著成效，主要体现在：

深圳碳市场于 2013 年 6 月率先启动，纳入行业包括供电、供水、供气、公交、地铁、危险废物处理、污泥处理、污水处理、港口码头、平板显示、信息化学品及其他专用化学品、制造业及其他行业、宾馆商场等服务行业以及高校（2023 年新增），纳入门槛从初期的年排放 5 000 吨二氧化碳下降至 3 000 吨二氧化碳，纳入企业数量从 578 家（2015 年）增长至 684 家（2022 年），配额数量从 0.3 亿吨（2015年）下降至 0.28 亿吨（2023 年）。

北京碳市场启动于 2013 年 11 月，纳入行业包括电力、热力、水泥、石化、工业、服务业、交通运输业，纳入门槛从初期的年排放 1 万吨二氧化碳下降至年排放5 000 吨二氧化碳，纳入企业从 415 家（2013 年）增长至 909 家（2022 年），配额数量从 0.47 亿吨（2013 年）增长至 0.5 亿吨（2018 年）。

上海碳市场与北京碳市场同期启动，纳入行业包括钢铁、电力、化工、航空、水运、建筑等 27 个行业，纳入门槛从工业年排放 2 万吨二氧化碳和非工业年排放 1万吨二氧化碳下降至工业年能耗 1 万吨标煤（其中，已试点单位 5 000 吨标煤）和非工业年能耗 5 000 吨标煤（航空、港口、建筑）、5 万吨标煤（水运），纳入企业从 190 家（2015 年）增长至 357 家（2022 年），配额数量从 1.6 亿吨（2015 年）下降至 1 亿吨（2022 年）。

广东碳市场启动于 2013 年 12 月，纳入行业包括水泥、钢铁、石化、造纸和民航，纳入门槛从年排放 2 万吨二氧化碳或年能耗 1 万吨标煤下降至年排放 1 万吨二氧化碳或年能耗 5 000 吨标煤，纳入企业从 184 家（2013 年）增长至 200 家（2022年），配额数量从 4.22 亿吨（2016 年）下降至 2.66 亿吨（2022 年）。

天津碳市场与广东碳市场同期启动，纳入行业包括钢铁、化工、石化、油气开采、航空、有色、机械设备制造、农副食品加工、电子设备制造、食品饮料、医药制造、矿山以及建材行业，纳入门槛为年排放 2 万吨二氧化碳，纳入企业从 114 家（2014 年）增长至 145 家（2022 年），配额数量从 1.6 亿吨（2015 年）下降至 0.75 亿吨（2022 年）。

湖北碳市场启动于 2014 年 4 月，纳入行业包括热力供应、有色金属、钢铁、化工、水泥、石化、汽车制造、通用设备制造、玻璃、供水、化纤、造纸、医药、纺织、食品饮料以及陶瓷制造行业，纳入门槛从石化、化工、建材、钢铁、有色、造纸和电力行业年能耗 1 万吨标煤，其他行业年能耗 6 万吨标煤下降至过往 3 年任一年能耗 1 万吨标煤，纳入企业从 138 家（2014 年）增长至 339 家（2021 年），配额数量从2.81亿吨（2015年）下降至1.82亿吨（2021年）。目前，湖北碳排放权交易中心在市场交易规模、连续性等多项主要市场指标上，均位居全国领先地位。

重庆碳市场启动于2014年6月，纳入行业包括电网、供水、供气、污水处理、航空以及纳入全国碳市场发电行业的工业行业，纳入门槛由原定的2008—2012年任一年度排放2万吨二氧化碳降低至过往3年任一年排放1.3万吨二氧化碳（综合能源消费量约5 000吨标准煤），纳入企业从242家（2014年）增长至308家（2022年），配额数量从1亿吨（2016年）下降至0.97亿吨（2018年）。

福建碳市场于2016年12月正式启动，纳入行业包括电力、钢铁、化工、石化、有色、民航、建材、造纸和陶瓷九个行业，纳入门槛由原来的年综合能耗达1万吨标准煤（含）以上降低至5 000吨标准煤（含）以上，纳入企业从277家（2016年）增长至296家（2021年），配额数量目前为1.32亿吨（2021年）。

四川碳市场与福建碳市场同期启动，交易产品为国家核证自愿减排量（CCER）而没有碳排放权配额。2021年，该交易所成交CCER1 789万吨，排名全国第四位，次于上海、天津和北京。2021年，该交易所成交量占开市以来累计总量的一半多，超过了过去4年的总和。其中，最活跃的单日交易额破亿。

2021年7月16日，随着地方试点碳市场的稳步发展，全国碳市场正式启动上线交易，进入第一个履约周期，即企业需要履行2019—2020年度的排放义务。发电行业成为首个纳入全国碳市场的行业，包括300MW等级以上常规燃煤机组、300MW等级及以下常规燃煤机组、燃煤矸石、煤泥、水煤浆等非常规燃煤机组（含燃煤循环流化床机组）和燃气机组四个类别。全国碳排放权交易市场在启动1年后，碳排放配额（CEA）累计成交量1.94亿吨，累计成交金额84.92亿元。截至2023年10月底，全国碳市场的碳排放配额累计成交数量超过3.83亿吨，累计成交金额达206.64亿元。

1.1.2 碳市场与碳金融

碳市场是碳金融发展的前提和基础，若碳市场交易频率低下，则市场机制无法发挥作用，碳价格信息失真，碳金融也无从发展。碳金融是碳交易发展的必然需求和方向。控制排放总量是碳交易发展的目的，排放企业通过碳金融，可以利用资金推进自身减碳技术的应用，最终通过减排来控制排放总量。另外，通过充分发挥碳金融的功能，可以鼓励投资机构参与碳交易，提高碳市场的流动性。

一般情况下，所谓的碳金融，是指所有服务于减少温室气体排放的各种金融交易和金融制度安排。碳金融的概念既可以狭义地理解为以碳排放权为标的物的金融现货、期货、期权交易，也可以在广义上泛指各种服务于减少温室气体排放的金融制度或者金融交易，如低碳项目开发的投融资、碳排放权及其衍生品的交易和投资等。

就全球范围而言，碳金融在金融体系中缺乏明确的统一定义。欧洲复兴开发银行认为碳金融是用于碳市场体系中帮助减少温室气体排放项目的融资活动。世界银行将碳金融定义为向具有购买温室气体减排量能力的项目提供资源的活动。碳金融概念的兴起源于国际气候政策的变化，即《联合国气候变化框架公约》和《京都议定书》。2006年，世界银行碳金融部门基于《京都议定书》，在碳金融发展年度报告中首次定义碳金融为"以购买减排量的方式为产生或者能够产生温室气体减排量的项目提供的资源"。综合各种定义，碳金融核心的内容均是为减缓气候变化、控制温室气体排放而开展的投融资活动。这些活动可以是碳排放权及其衍生品交易、产生碳排放权的温室气体减排、碳汇项目的投融资以及其他相关金融服务活动。

碳金融市场同样有着狭义和广义之分：狭义的碳金融市场一般是指以碳排放权为标的资产的碳市场；广义的理解认为与温室气体排放权相关的各种金融交易活动和金融制度安排都属于碳金融市场的范畴。除了碳交易外，还涉及一切与碳投融资相关的经济活动，如商业银行的碳金融创新、绿色信贷、CDM项目抵押贷款、碳配额和碳项目交易市场，碳远期、碳期货、碳互换、碳期权等衍生产品市场，碳债券、碳基金、碳信托、碳保险，与发展低碳能源项目投融资活动相关的咨询、担保等碳中介服务。国际上并未明显区分碳市场和碳金融市场，许多国家和机构缺乏对碳金融市场的定义，而是直接使用碳市场这一概念。例如，世界银行和点碳公司使用的碳市场概念，既涵盖了配额市场和项目市场，也包括了各气候交易所碳金融产品及衍生产品。本书采用的是广义的碳金融市场概念。

在全球以碳中和为最终目标的背景下，碳金融产品的种类与数量决定了碳市场的流动性和交易规模。碳排放控制强度和碳排放权交易市场活跃度直接影响碳金融市场的发展程度。目前，全球碳金融市场每年交易规模超过600亿美元，其中约有1/3是碳期货交易。碳期货是碳金融市场中起步最早、发展最成熟、市场活跃度最高的金融产品。在欧盟，碳交易中碳期货占比超过了90%。中国作为全球覆盖温室气体排放规模最大的碳市场，碳金融具有长远的发展前景。

在全国碳市场稳步建设的背景下，国内金融机构将更多的注意力转移到了碳金融市场，相继开展了碳交易账户开户、资金清算结算，碳资产质押融资、保值增值等各项涉及碳金融的业务。

相比于传统的金融市场，碳金融市场有着自身的独特性。首先，不同于传统金融市场活动的目的，碳金融市场主要是为了实现资金的融通和资产的保值增值，碳金融活动的主要动因是社会责任。为了应对大量温室气体排放导致的气候变暖，碳金融活动可以通过市场机制有效减少温室体排放，实现经济的可持续发展和人类生存环境的优化。其次，传统金融市场以金融商品或工具作为交易对象，权益来源是天然具有消费排他性和竞争性的私人产品，而碳金融市场的交易标的是稀缺的环境容量使用权，是依靠政府公权赋予一定排他性和竞争性的公共产品。基于这个原因，引发了第三点，市场参与方的差异。在碳金融市场中，除了常规的参与主体外，还包括一些特殊的参与主体。作为碳金融市场的重要推动者，市场政策制定者有联合国和主权政府，以及各种国际组织，如联合国开发规划署、世界银行、国际农业发展基金会、亚洲开发银行等。又因为社会责任的需求，碳金融市场的定价不仅要考虑产品的经济收益，还要考虑定价方式与传统金融市场存在的差异。

同样是通过提高资源配置效率创造价值，传统金融市场的最终目的是获取经济利润，而碳金融市场则是为了低碳经济的发展和金融体系的完善，从而减少温室气体排放和控制气候变化。因此，碳金融市场有着以下独特的功能价值：

（1）减排成本内部化和最小化

通过碳金融市场，本来由社会共同承担的碳排放成本内部化为排放企业的生产成本。企业可以根据自身减排成本和市场碳价的差异，选择碳交易或投资减排改造。同时，在碳金融市场，企业购买碳金融工具，可以跨国、跨行业和跨期地将碳减排成本转移至减排效率高的企业，或通过项目转移至发展中国家。针对项目级减排量交易的启动和发展，碳金融因其具有的信息优势，为碳排放权的供需双方寻找合适的对家，有效降低碳市场交易成本，扩大碳市场容量，最小化减排成本。

（2）价格发现和决策支持

完善的碳金融市场能够有效反映碳排放权的稀缺性和治理成本，提供碳产品定价机制，具有价格发现和价格示范功能。碳金融提供的套期保值产品，有利于统一碳市场价格，同时畅通商品贸易市场与能源市场渠道。及时、准确的碳价格能全面地反映所有关于碳交易的信息，便于企业在决策中对资源性产品进行重点考虑，使得资金在价格信号的引导下迅速合理地流动，优化资源配置。

（3）加速低碳技术的转移和扩散

温室气体排放主要来源于化石能源消费，非发达国家对能源的利用效率相对较差。从根本上减少全球的温室气体排放需要加快清洁能源、减排技术的研发和产业化，使高碳经济体转型低碳经济，脱离对碳基能源的过度依赖。但是减排项目一般具有资金需求量大、投资回收期长的特征，减排企业仅靠自身能力难以筹集到减排项目所需的足额资金，导致减排项目难以正常进行。碳金融，能为控排企业提供多样的融资渠道，降低企业减排的资金门槛。

（4）风险转移和分散功能

碳市场的价格与能源市场高度相关，任何政治事件和极端气候变化都会增加碳价格的不确定性，使碳价格波动加剧。不同国家、不同产业受到的影响和适应能力有所不同，大部分都要通过金融市场这个载体来转移和分散碳价格波动风险。

（5）应对国际绿色贸易壁垒

低碳是今后经济发展的新增约束条件，也将成为重要的国际贸易竞争力指标。

欧盟和美国正在推进以碳价或排放强度为门槛的关税壁垒。2023 年 4 月 25 日，欧盟理事会投票通过了《碳边境调节机制》（Carbon Border Adjustment Mechanism，CBAM），即走完了全部立法程序，在欧盟正式通过该机制。该机制要求进口至欧盟或从欧盟出口的高碳产品缴纳相应额度的税费或退还相应的碳排放配额，是欧盟针对部分进口商品的碳排放量所征收的税费。欧盟的产品进口商必须支付生产国已支付的碳价格与欧盟碳排放交易体系中碳配额价格之间的差价。碳金融的发展有利于国际资本合理流动，促进减排资金和技术向发展中国家转移，有利于促进国际贸易投资的发展和国际收支的平衡，有利于各国在减排上开展国际合作，实现各国的互利共赢。

中国碳金融市场处于发展初期，各类碳金融产品和服务的发展阶段、规模等差距显著，目前市场上以绿色信贷、绿色债券、绿色保险、碳排放权交易市场、ESG 投资和绿色基金为主。碳金融市场在本书中主要是包括碳信贷市场、碳债券市场、碳基金市场、碳现货市场和碳金融衍生品市场。

1.2 碳市场的产生与发展

1.2.1 碳市场产生背景

自 20 世纪 90 年代以来，以气候变暖为特征的全球气候系统变化日益得到国际社会的广泛关注。国际社会的主流观点认为，全球变暖是自工业化革命以来人类大量排放的二氧化碳日益积累导致的温室效应加剧的结果。而生态系统和人类社会已经基本适应了当今的气候状态，如果不采取进一步的措施，未来气候变化幅度可能会超过自然生态系统和经济社会发展所能承受的极限，从而造成突然的和不可逆转的后果。因此，国际社会应共同采取行动，妥善应对气候变化的不利影响。

1979 年，日内瓦会议上，为了让决策者和一般公众更好地理解这些科研成果，联合国环境规划署（UNEP）和世界气象组织（WMO），成立了政府间气候变化专门委员会（IPCC）。该机构主要任务是对气候变化科学知识的现状，气候变化对社会、经济的潜在影响以及如何适应和减缓气候变化的可能对策进行评估。

1990年，第二次世界气候大会呼吁建立一个气候变化框架条约。本次会议由137个国家加上欧洲共同体进行部长级谈判，主办方为世界气象组织、联合国环境署和其他国际组织。经过艰苦的谈判，在最后宣言中并没有指定任何国际减排目标，然而它确定的一些原则为以后的气候变化公约奠定了基础。这些原则包括气候变化是人类共同关注的；公平原则；不同发展水平国家"共同但有区别的责任"；可持续发展和预防原则。

1997年12月，第三次框架公约缔约方大会在日本京都达成《京都议定书》，对发达国家减排指标、清洁发展机制等"灵活履约机制"和温室气体种类等作出了具体规定，并要求附件一缔约方以公开和可核查的方式报告温室气体源的减排和各种吸收汇的增加等举措。《京都议定书》规定，2008—2012年主要工业发达国家要将二氧化碳等六种温室气体排放量在1990年的基础上平均减少5.2%，而发展中国家在2012年以前不需要承担减排义务。同时，根据《京都议定书》建立的清洁发展机制（CDM），发达国家如果完不成减排任务，可以在发展中国家实施减排项目或购买温室气体排放量，获取"经证明的减少排放量"作为自己的减排量。

为完善已建立的气候制度，并克服《京都议定书》存在的问题，2007年《联合国气候变化框架公约》第十三次缔约方会议制定了"巴厘岛路线图"。会议明确了发达国家必须承担"可比的"强制减排义务。发展中国家在可持续发展框架下，在得到发达国家提供的资金、技术和能力建设支持的情况下，采取"可测量、可报告、可核实"的国家适当减缓行动。会议达成的"巴厘岛路线图"促进了国际碳排放和碳减排评价制度的发展，是人类应对气候变化历史中的一座新里程碑。

举世瞩目的哥本哈根气候变化大会于2009年12月召开，这次被喻为"拯救人类的最后一次机会"的会议虽然没有通过一份可以代替2012年即将到期的《京都议定书》的新的议定书，但是维护了《联合国气候变化框架公约》及其《京都议定书》确立的"共同但有区别的责任"原则，对发达国家实行强制减排和发展中国家采取自主减缓行动作出了安排，并对全球长期目标、资金和技术支持、透明度等焦点问题达成了广泛共识。

2015年12月，《联合国气候变化框架公约》近200个缔约方在巴黎气候变化大会上达成《巴黎协定》，这是继《京都议定书》后第二份有法律约束力的气候协议，为2020年后全球应对气候变化行动作出了安排。《巴黎协定》的主要目标是将21世纪全球平均气温上升幅度控制在前工业化时期水平之上2℃以内，并努力控制在1.5℃以内。

国际应对气候变化相关条约从签订伊始就对碳排放和碳减排的评价提出了要求并不断进行强化。《联合国气候变化框架公约》通过制定有关条款保证缔约方应对气候变化行动及其效果的透明度，《京都议定书》则对附件一缔约方明确提出了以公开和可核查的方式报告温室气体减排措施。《巴黎协定》不仅强调了发达国家的强制性义务，还要求发展中国家在可持续发展框架下，在得到发达国家提供的资金、技术和能力建设支持的情况下，根据"三可"（可报告、可监测、可核实）原则报告国内减缓行动，极大地促进了国际碳排放和碳减排评价制度的发展。《哥本哈根协议》则对发展中国家自主减缓活动的核查问题作出了进一步安排。《巴黎协定》为2020年后全球应对气候变化行动作出了安排，各国通过国家自主贡献方案，自主承担减排责任。2021年11月，第26届联合国气候变化大会（COP26）在英国举办，首次将削减煤炭写入气候公约，并且提出了《巴黎协定》中碳市场条款的落实方案，为国际碳市场奠定基础。

而中国是碳排放大国，目前温室气体排放量已居世界第一。作为履行《联合国气候变化框架公约》的一项重要义务，中国应对气候变化可以追溯到2006年发布的第十一个五年规划，该规划呼吁建立"资源节约型，环境友好型社会"，提出中国要在5年内单位国内生产总值（GDP）能耗下降20%。2007年，国务院发布了《中国应对气候变化国家方案》，成为中国政府采取积极措施应对气候变化的开端；2009年，在哥本哈根气候大会上，中国政府首次提出了"2020年单位国内生产总值的二氧化碳排放比2005年下降40%~45%"的国际承诺。2011年3月通过的《中华人民共和国国民经济和社会发展第十二个五年规划纲要》不仅明确提出未来5年要实现能耗强度下降16%、二氧化碳排放强度下降17%的目标，而且强调指出要建立完善温室气体排放和节能减排统计核算制度，逐步建立碳排放交易市场，使气候变化议题开始进入我国的顶层设计。2011年10月29日，国家发改委下发《关于开展碳排放权交易试点工作的通知》，同意北京市、天津市、上海市、重庆市、湖北省和广东省开展碳排放权交易试点工作。2011年12月1日，国务院下发《"十二五"控制温室气体排放工作方案的通知》，提出加快建立温室气体排放统计核算体系，要求建立温室气体排放基础统计制度，并加强温室气体排放核算工作。此外，2010年7月19日，国家发改委下发《关于开展低碳省区和低碳城市试点工作的通知》，对低碳试点提出的重要任务就是要建立温室气体排放数据统计和管理体系，试点地区要加强温室气体排放统计工作，建立完整的数据收集和核算系统，加强能力建设，提供机构和人员保障。2015年，国家发布的《中华人民共和国国民经济和社会发展第十三个五年规划纲要》提出，推动建设全国统一的碳排放市场。

2020年9月22日，习近平主席在联合国大会上作出了中国碳达峰碳中和的承诺，为中国能源转型和绿色低碳产业发展指明了方向。2020年12月30日，生态环境部正式发布《2019—2020年全国碳排放权交易配额总量设定与分配实施方案（发电行业）》。2021年1月5日，生态环境部发布了《碳排放权交易管理办法（试行）》，明确了全国碳市场的两大支撑系统为全国碳排放权注册登记系统和全国碳排放权交易系统。2021年3月26日，为进一步规范全国碳排放权交易市场企业温室气体排放报告核查活动，生态环境部印发了《企业温室气体排放报告核查指南（试行）》。2021年7月16日，全国碳排放权交易市场启动上线交易。发电行业成为首个纳入全国碳市场的行业，纳入重点排放单位超过2 000家。我国碳市场将成为全球覆盖温室气体排放量规模最大的市场。2021年10月24日，中共中央、国务院印发了《关于完整准确全面贯彻新发展理念做好碳达峰碳中和工作的意见》，作为碳达峰碳中和"1+N"政策体系中的"1"，为碳达峰碳中和这项重大工作进行系统谋划、总体部署。2022年1月，全国碳市场第一个履约周期顺利结束。截至2021

年 12 月 31 日，全国碳市场已累计运行 114 个交易日，碳排放配额累计成交量 1.79 亿吨，累计成交额 76.61 亿元。2022 年 3 月 15 日，生态环境部发布《关于做好 2022 年企业温室气体排放报告管理相关重点工作的通知》，确定了全国碳市场第二个履约周期发电行业重点排放单位名录，根据核查结果，将 2020 年度或 2021 年度碳排放量达到 2.6 万吨二氧化碳当量，并拥有符合纳入配额管理标准的机组的发电行业重点排放单位，纳入 2022 年度全国碳排放权交易市场配额管理的重点排放单位名录。

1.2.2 碳市场发展的理论基础

碳市场是以降低以二氧化碳为主的温室气体排放为导向的低碳经济模式下产生的市场行为总和，是通过控制温室气体排放实现低碳发展并最终促进可持续发展的全新市场。基于环境经济学理论思想，温室气体经过确权后，其所具有的稀缺性、商品性、排他性、竞争性和交易性等市场特征明显，具备进入交易市场的条件，碳市场应运而生。但是，由于碳市场具有理论与实践的前沿性、学科的交叉性和综合性，因此分析碳市场理论基础对我们充分认识碳市场的运行机制和风险管控具有重要意义。

1.2.2.1 碳市场发展的经济学理论基础

（1）"稀缺性"理论

环境容量稀缺程度的不断提高是碳排放权交易制度形成的内在推动力量。在环境容量极其充裕的状况下，碳排放对环境的危害很小，人们可以无偿地对环境容量加以使用，在这种情况下是不可能产生碳排放权交易制度的。然而，在当今时代，随着长时间大量化石能源的使用，环境容量已不再有充足的供给。当人口增加、经济增长导致的碳排放量在短期内急速增加，远超自然环境调节吸收的速度，碳排放迅速接近环境许可的上限时，对外部环境的危害也相应地表现出来，限制温室气体的排放随即成为全社会的共识。由于碳排放被严格限制在一定环境容量许可的范围内，环境容量的稀缺程度随之凸显，环境容量供给与需求之间的矛盾加剧，从而使碳排放额度具备了商品的一般属性。环境容量的竞争性使用交换，使得碳排放权交易制度应运而生。

《京都议定书》等一系列规制碳排放行为的国际协议的签署，使得任意排放温室气体成为历史。所有签约国都必须遵守承诺，并把全国的经济发展与碳排放联系在一起，在这种硬约束下，存在碳排放基数较大的国家，由本国减排目标压力而催生出强烈的碳信用的购买愿望或控制本国国内产出。全球192个国家都签署了《联合国气候变化框架公约》，意味着对二氧化碳排放的认可度已达到90%。同时，《京都议定书》创造性地提出碳排放指标的交换机制，促成通过购买碳排放指标抵减减排义务。这些协议使得碳排放权在全球范围内具有了稀缺性，可以作为一种国际商品，在世界各国间进行市场交易。

（2）"外部性"理论

在经济学中，环境和资源问题通常被界定为外部性问题，"外部性"也因此成为研究碳交易的学者无法回避的基础理论。

"外部性"是微观经济学市场失灵的代表性理论，源于英国新古典经济学派代表人物马歇尔于1890年出版的《经济学原理》中的"外部经济"概念。马歇尔认为，我们可以把因任何一种货物的生产规模之扩大而发生的经济分为两类，即一种是有赖于该产业的一般发展所形成的经济，另一种是有赖于某产业的具体企业自身资源、组织和经营效率的经济。我们可把前一类称作"外部经济"，将后一类称作"内部经济"。学术界对"外部性"的界定基于两个方面：一是萨缪尔森和诺德豪斯从"外部性"的产生主体角度进行的界定，即生产或消费对其他团体强征了不可补偿的成本或给予了无须补偿的收益的情形；二是兰德尔从"外部性"的接受主体进行的界定，即当一个行为的某些效益或成本不在决策者的考虑范围内的时候所产生的一些低效率现象。两个界定分别从生产或消费、接受主体角度对获得收益而无须付费，或付出投入却得不到补偿来阐明"外部性"。

环境和气候问题归根于"外部性"，是因为个人没有把对他人的损害予以考虑的潜在悲剧——资源滥用和过度损耗，产生了"公共物品悲剧"。温室气候和其他污染物排放所具有的"外部性"产生了公共物品悲剧，如全球气候变暖、环境恶化等，正因为公共物品排他性和非竞争性的特征，使市场这只"看不见的手"出现失灵现象，所以有必要通过有效方法遏制公共物品悲剧的发生。在控制温室气体排放方面，联合国付出近半个世纪的努力，通过对1992年达成的《联合国气候变化框架公约》和1997年达成的《京都议定书》两大划时代意义的重要国际公约的倡导，形成了碳排放权交易市场。

（3）"庇古税"和"科斯定律"

通过将外部成本内部化来解决"外部性"问题，是经济学界达成的一致主张，但在达成途径上，却形成了两大流派，即强调以税收为主的"庇古税理论"和强调在产权清晰前提下进行自愿协商所达成损害责任的"科斯定律"。

①庇古税理论

庇古（Arthur Cecil Pigou）是英国著名的经济学家，剑桥学派的主要代表人物之一，福利经济学的创始人，其因"庇古税"享誉后世。1920年，庇古公开出版的《福利经济学》一书中提出了"庇古税方案"，指出应该通过征税对正外部性活动给予补贴。征税或补贴可使当事人的私人成本与社会成本趋于一致，最终促进资源最佳配置，实现帕累托最优。

基于此，庇古认为环境问题往往具有相当强的外部性特征，征税是对污染排放活动所采取的矫正措施，征税的税率应当以最后一个污染单位引起的外部边际社会损害成本为依据。此排污税不仅可以内部化污染所引起的外部性，还可以激励企业采取有效措施来降低成本，最终降低整个社会公共成本。根据此理论，在实践中通常会直接以征税或收费方式（如环境资源税、环境污染税、排污费等），或采取间接补贴、收取押金和发放排污许可证等方式给污染定价，让污染者对每单位污染行为付费或缴税，以解决环境外部性问题。

②科斯定律

科斯（Ronald H.Coase）是美国芝加哥经济学派和法律经济学的代表人物之一，是新制度经济学的鼻祖。科斯于1960年发表了《论社会成本问题》，提出与庇古方案截然不同的思想来解决外部性问题。科斯认为，环境问题源于产权不明晰和市场失灵，只有明晰产权，使经济行为主体开展交易就可有效解决外部性问题。

科斯定律的通俗解释是："在交易费用为零和对产权充分界定并加以实施的条件下，外部性因素不会引起资源的不当配置。因为，在此场合下，当事人（外部性因素的生产者和消费者）将受到市场的驱使去就互惠互利的交易进行谈判，即外部性因素内部化。"

科斯定律由三组定理构成：科斯第一定理的内容是，如果交易费用为零，不管产权初始如何安排，当事人之间的谈判都会导致那些财富最大化的安排，即市场机制会自动达到帕累托最优。科斯第二定理的基本含义是，在交易费用大于零的世界里，不同的权利界定会带来不同效率的资源配置。也就是说，交易是有成本的，在不同的产权制度下交易的成本可能是不同的，因此资源配置的效率可能也是不同的。为了优化资源配置，产权制度的选择是必要的。科斯第三定理描述了这种产权制度的选择方法。第三定理主要包括四个方面内容：第一，如果不同产权制度下的交易成本相等，那么产权制度的选择就取决于制度本身成本的高低；第二，如果某一种产权制度非建不可，而对这种制度不同的设计和实施方式及方法有着不同的成本，则这种成本也应该考虑；第三，如果设计和实施某项制度所花费的成本比实施该制度所获得的收益还大，则这项制度没有必要建立；第四，即便现存的制度不合理，但当建立一项新制度的成本无穷大，或新制度的建立所带来的收益小于其成本时，对这项制度的变革是没有必要的。

科斯定律所提出的通过市场机制来解决外部性问题为后世排放权交易机制产生播下了种子。美国、欧洲等国家先后出现了污染物排放权交易和碳排放权交易，均源于对此理论的发扬光大。

1.2.2.2 碳市场发展的理论依据

碳市场最初并不广为人知，美国率先在其国内开展的二氧化硫减排活动为全球排污权交易提供了蓝本。随着控制全球温室气候排放行动加快，《联合国气候变化框架公约》和《京都议定书》把减排约束付诸实践，发达国家和发展中国家合作减排机制正式形成，推动全球性碳市场形成与发展。碳市场的主要理论依据包括碳排放权指标分配和碳交易机制两个方面。

(1) 碳排放权指标分配理论

科斯指出，排污权交易是通过市场解决环境资源优化配置、环境污染问题最有效的方式。"外部性"的存在导致了市场失效，只有将外部成本内部化，才能解决外部性问题，不管是否存在交易成本，产权明晰后的市场均衡结果都是有效的。基于此，1969 年，美国经济学家戴尔斯（Dales）在《污染、财富和价格》一书中首次提出排污权交易的构想，内容是政府通过对排污权进行定价分配，然后卖给排污企业，而排污企业既可以从政府（一级市场）手中购买排污权，也可以从其他排污权拥有者（二级市场）手中购买。1976 年，美国国家环保局应用这一概念管理大气和河流污染，直至《京都议定书》通过二氧化碳排放权交易来解决气候变化问题。

在排放指标分配方法上，主要代表有：一是基于人文发展的碳排放指标分配法。英国公共资源研究所根据未来一定时期内大气所需工业二氧化碳的恒定浓度，确定了目标年全年总排放量及人均排放量，提出以人文发展碳排放需求为基础的指标分配方法。全球人均排放量最终与目标排放量相吻合，从而实现不同发展水平国家共同减排，实现全球稳定的二氧化碳浓度目标。二是基于经济总量的排放强度指标分配法。以单位国内生产总值（GDP）温室气体排放量为衡量排放强度的依据，一种是以各国温室气体排放强度分配全球碳排放权，激励低排放者，一种是假定在排放强度下降的前提下，建立全球、各国（地区）排放限制。三是基于历史排放权指标分配法。以污染者付费为原则，采用累计历史排放数据分配排放权指标。

(2) 碳交易的市场机制原理

美国经济学家戴尔斯认为，污染实质上是政府赋予排污企业的一种产权，产权的市场可转让性能够提高资源的使用效率。碳交易实质上是碳排放权交易，以配额或排放许可证形式进行交易。交易是在设定排放总量目标的前提下，确立排放权稀缺性，通过无偿（政府配额）或有偿（市场拍卖）方式分配碳配额，产生一级市场。依托公开、公平和公正的交易平台，实现碳排放权二级市场交易和环境资源商品化，以发挥市场定价与资源配置，降低减排成本，提高发展效率。市场机制主要包括：一是交易产品，政府根据碳排放总量目标所设定的碳配额；二是碳交易主体，主要为参与碳排放买卖的企业或个人；三是碳交易价格；四是碳交易运行平台。

本章习题

1.碳市场机制主要包括哪些基本经济学理论？

2.简析碳市场建设的意义与作用。

3.比较碳金融市场与传统金融市场的差异，并分析原因。

4.如何用科斯定律说明碳排放价格的形成机制？

第 2 章 国际主要碳市场

长久以来，全球各国在应对气候变化领域积累了大量实践经验。截至2022年，全球范围内共有28个碳市场在运作，它们涵盖了全球17%的温室气体排放量。这些碳市场所在的司法管辖区的生产总值占全球比例的近55%，人口总数约占全球人口总数的1/3[①]。《全球碳市场进展报告》概述了2022年三大类碳市场的关键进展：第一类是已投入运行的碳市场（即正在运行的碳交易系统）；第二类是处于建设阶段的碳市场（即已获得明确授权并正在起草相关法律法规的地区）；第三类是对建立碳市场表现出兴趣并正进行调研和筹备工作的地区。

碳市场在不同的政府层级运行，从超国家机构到地方层级不等，具体包括：

1个超国家机构：欧盟成员+冰岛+列支敦士登+挪威；

10个国家：中国、德国、哈萨克斯坦、墨西哥、新西兰、韩国、瑞士、英国、奥地利、黑山；

19个省和州：加利福尼亚州、康涅狄格州、特拉华州、福建省、广东省、湖北省、缅因州、马里兰州、马萨诸塞州、新罕布什尔州、新泽西州、纽约州、新斯科舍省、俄勒冈州、琦玉县、魁北克省、罗得岛州、佛蒙特州、弗吉尼亚州；

6个城市：北京、重庆、上海、深圳、天津、东京都。

全球范围内运行的碳市场中，欧盟碳市场是当前最为完善、市场活跃度最高的碳市场。美国目前没有全国性的碳市场，但加州碳市场和区域碳市场（即RGGI，由美国东北部和大西洋中部的10个州共同签署建立、联合运行）较为活跃。韩国碳市场则是亚洲国家中典型的碳市场。总结分析国际碳市场运行情况对中国碳市场

[①]　数据来源：ICAP的2023年度全球碳市场进展报告。

建设具有借鉴意义，图2-1总结了这些碳市场的碳价格走势情况。

图2-1 国际碳市场碳配额价格走势

数据来源：同花顺 iFinD 数据库。

2.1 欧盟碳市场

欧盟碳市场成立于2005年，是世界上第一个国际排放交易体系。它涵盖31个国家，是目前全球最活跃、最具影响力的碳市场，碳金融产品也最为完善。欧盟碳市场是世界上最早建成对企业有法律约束力的碳市场，是欧盟气候政策的核心要素。目前，欧盟碳市场已进入第四阶段。

2.1.1 总量及配额分配

欧盟碳市场制定了三阶段发展路线和四阶段时间表：第一阶段（2005—2008年）采用"祖父法"分配，领域主要为电力和工业；第二阶段（2009—2012年）90%的配额基于基准免费分配，航空业被纳入交易体系，采用CER完成配额清缴工作，不超过总配额的一定比例；第三阶段（2013—2020年）线性减少配额上限，

57%的配额采用拍卖分配，覆盖行业扩展至发电、工业、制造业和航空业，设立了市场稳定机制（MSR）；第四阶段（2021—2030年）进一步减少配额上限，每年按2.2%的系数递减。

欧盟碳市场主要采用自由分配和竞争性拍卖的方式分配碳排放额度。在初期阶段，为了吸引企业积极参与碳交易体系，欧盟主要采用免费分配碳排放额度的方式，占总量的95%以上，而竞争性拍卖的比例不到5%。第二阶段开始，拍卖的比例有所增加，但仍然被限制在10%以内[1]。

在欧盟排放交易体系（EU-ETS）的推动下，相比2005年，欧盟27个成员在2020年实现了39.63%的国内生产总值增长、30.52%的碳排放减少和342.5%的可再生能源消费量上升。然而，2020年新冠肺炎疫情暴发后，欧盟碳配额现货结算价大幅度下跌，但随着疫情得到控制，欧盟碳配额现货结算价格逐渐回升。从现货成交量来看，2013年前，欧盟碳市场成交量持续增加，持仓规模稳步增长；但2013年后，由于欧盟碳市场配额需求缩小，信用抵消机制趋严以及碳排放水平下降，尽管通过压缩供给端维持了碳交易价格的稳定，但是成交量仍难以提升，持仓规模呈缩小趋势。欧盟政府通过碳配额交易和市场拍卖收入的二次分配，提升能源效率，推动能源结构转型、绿色低碳经济发展，将绿色低碳驱动作为欧盟经济发展的新动力，反向促进经济发展，形成良性循环。欧盟碳市场引入了MSR碳市场稳定机制，持续调整碳配额总量上限，鼓励企业减排，是全球碳市场的标杆。

2.1.2 碳价格

自2005年以来，欧盟排放交易体系不断取得进展。第一阶段（2005—2007年），欧盟27个成员方的12 000个排放设施分配了22亿吨二氧化碳排放限额[2]。这些排放装置可以在欧盟内部的交易所或场外（OTC）市场交易其盈余排放限额。

---

① 数据来源：欧盟委员会和欧盟排放交易体系。
② 数据来源：2016年欧盟气候政策说明。

2005年，欧盟排放交易体系的二氧化碳交易量为2.6亿吨，2007年为14.4亿吨，增长迅速。这种增长反映了市场参与者对新兴金融市场不断学习的过程。但是，2005—2007年EUA价格的波动很大，从约7欧元攀升至30欧元，并在20欧元以上高位运行，达到峰值31欧元后开始下跌。自2006年4月起，碳价格开始走弱，几个月后大幅跌破10欧元。第一阶段后期，EU-ETS及全球碳市场规模出现了爆炸式的增长。EUA的价格在反弹回20欧元后开始下降，随着EU-ETS第一阶段的结束和EUA过剩，EUA价格逐步接近零。到2007年年末，EUA交易量已达20.6亿吨，比2005年高出5倍多；交易额则将近500亿美元，占全球碳市场的78%以上。

在欧盟碳排放权贸易体系的第二阶段（2008—2012年），每年12月交货的EUA合约价格呈上升趋势。上升趋势开端于2007年，2008年欧盟发布了气候和能源一揽子措施，导致EUA价格攀升到历史高位，接近30欧元。然而，随着全球金融危机的加剧，欧盟经济受到影响，2008年下半年，碳市场价格开始下跌，从7月的29欧元，直落至2009年2月的不到8欧元。

EU-ETS进入第三阶段后（2013—2020年），由于欧盟经济复苏缓慢，EUA价格在年初持续下跌。2013年4月16日，欧洲议会投票否决了欧洲委员会提出的"折量拍卖"计划，导致EUA价格暴跌至3欧元以下。自2013年以来，欧洲委员会对EU-ETS的改革使欧盟碳配额（EUA）价格逐渐稳定。2016—2017年，EUA价格在3.91欧元/吨至8.14欧元/吨之间波动；2018年，EUA价格开始稳步上涨，年末最高达到24.16欧元/吨，而2018年年初EUA价格仅有7.75欧元/吨；2019年1月，EU-ETS正式实行"市场稳定储备"措施作为长期控制配额盈余的方案，欧盟碳配额价格趋于稳定，全年价格在18.7欧元/吨至29欧元/吨之间波动。虽然2020年年初因新冠肺炎疫情等突发因素导致EUA价格下跌，但之后随着疫情得到控制，碳价逐渐反弹。在进入第四阶段后，受碳配额总量加速下降、信用机制严格化、MSR碳价稳定机制引入等多方面因素影响，2022年碳价格达到了历史最高值88.88欧元/吨。

2.1.3　履约机制

为了保障碳排放交易体系的正常运作，低成本实现减排目标，欧盟制定了一系列严格的遵约制度，受管制的排放企业需遵守排放许可流程。受管制的排放企业每年年初须向管理机构提交排放申请，列出企业经营主体、经营地点、经营范围和所有排放源清单、用途、排放数据、监测计划以及每年上缴的排放配额等信息，并获得年度排放配额核发，否则企业将无法开展任何经营活动。每年 3 月 31 日前，排放企业须提交上一年度经过第三方机构核查的排放报告，4 月 30 日前上缴实际排放量等额的排放配额。如果实际排放量超过核准的排放额度，企业需要从碳金融市场中购买排放配额，或使用联合履行机制（JI）、清洁发展机制（CDM）产生的减排量来对冲超额部分。此外，欧盟允许排放企业进行排放配额的储蓄和透支。

所谓储蓄，是指排放企业可以将本年度未使用的排放配额保留到下一年度使用。各成员方可以自行决定是否实行跨阶段配额储蓄，即第二阶段储存的排放配额是否可以在第三阶段继续使用。所谓透支，是指排放企业可以在本年度使用超过其核准排放配额的部分，透支下一年度的配额，如 2009 年配额用尽，可以预支 2010 年的配额。如果排放企业的实际排放总量超过了其同一阶段内核准的排放配额，该企业将面临经济处罚。第一阶段（2005—2007 年）罚金是每吨二氧化碳 40 欧元，第二阶段（2008—2012 年）罚金是每吨二氧化碳 100 欧元。超过排放配额的企业不仅需要交纳罚金，还需在下一年度中使用一定数量的排放配额进行补偿。据统计，欧盟排放交易体系中受管制排放企业的历史遵约率很高，保持在 98% 左右。

2.2　美国加州碳市场

一直以来，加利福尼亚州（以下简称"加州"）在控制温室气体排放方面表现积极，与美国联邦层面早期应对气候变化的消极态度形成了鲜明对比。作为美国第二大温室气体排放源，加州于 2007 年加入了美国和加拿大部分地区达成的西部气候倡议（WCI），共同致力于减少温室气体排放。2012年，加州启动了碳排放"限额与交易"计划，即加州碳市场，第一个履约周期于2013年1月开始。2014年，加州碳市场与魁北克碳市场实现了链接。加州碳市场覆盖了加州85%的温室气体排放，覆盖了加州绝大部分的经济部门，在全球碳市场中是史无前例的。

2.2.1 总量及配额分配

加州碳市场的覆盖范围已经相当广泛，包括商用、民用天然气，交通，电力和工业等领域，其门槛为年碳排放超过2.5万吨的企业，目前已有约500家企业被纳入，涵盖了加州约80%的温室气体排放。加州碳市场的配额总量在2015年为3.945亿吨，而在2019年和2020年分别为3.463亿吨和3.342亿吨，呈现逐年收紧的趋势[①]。

加州碳市场采用的配额分配方式有两种：免费分配和拍卖。在初始阶段，大部分配额会免费发放，以避免纳入企业的成本大幅度上升，随后免费分配的比例会逐步下降。

初期，加州大多数工业设施都获得了免费配额，但后续的免费配额比例将根据不同行业的碳泄漏风险程度而有所不同。免费配额主要分配给电力企业（不包括发电厂）、工业企业和天然气分销商。高风险行业在三个合规期均可获得100%的免费配额，而中风险和低风险行业的免费配额数量将呈递减趋势。加州在碳市场初期对这些企业免费给予较多的排放权份额，免费配额占企业总排放的90%，但是随后免费分配量逐年递减。

对于工业企业、电网企业和天然气供应商，加州碳市场采取不同的方法进行免费分配。

工业设施的配额分配采用基于产量和能源消耗的标杆法。基于产量的标杆法是

---

① 国际碳行动伙伴组织（ICAP）. 全球碳市场进展：2021年度报告执行摘要 [R]. 柏林：国际碳行动伙伴组织，2021.

根据每单位产量 CARB 计算配额，而基于能源消耗的标杆法则是根据每单位能源消耗 CABR 计算配额。两种标杆法最显著的区别是，基于产量的标杆法是可变的，而基于能源消耗的标杆法是固定的。由于产出水平的变化，基于产量的标杆法分配的配额每年更新，而基于能源消耗的标杆法，则在历史基准水平线上保持不变。为了鼓励加州持续的产出增加，CARB 更倾向于使用基于产量的标杆法。加州将工业行业根据碳强度（EI）和贸易风险（TE）测算的碳泄漏风险分成了高泄漏、中等泄漏和低泄漏三类。每种类型的工业行业都有不同的工业援助因子，工业援助因子决定了免费配额的比例。在第一阶段，所有类型的实体均获得 100% 的免费配额；在第二阶段，高泄漏类实体获得 100% 的免费配额，中等泄漏类实体获得 75% 的免费配额，低泄漏类实体获得 50% 的免费配额；在第三阶段，高泄漏类实体的免费配额比例不变，中等泄漏类和低泄漏类实体的免费配额比例分别下降至 50% 和 30%。

针对电网企业的公有电力设施，可以将直接分配的配额放入有限使用的持有账户和履约账户中。2012 年，公有电力设施有限使用的持有账户中的 1/3 配额必须在当年的两轮拍卖中进行出售，随后需将该账户中的所有配额在每年进行拍卖。电力设施的拍卖收益只能用于该设施的纳税人。针对投资者所拥有的电力设施，需要将其所有配额放入有限使用的持有账户中。针对投资者所拥有的电力设施，设计了双重拍卖机制。这种机制要求投资者将所有拥有的配额投入拍卖市场出售，且拍卖所得收益必须服务于纳税人。投资者所拥有的电力设施在履约时需要与其他排放企业共同参加拍卖竞价获得必要的配额。设计这种双重拍卖的目的在于，首先，让监管部门能够更高效地指定和引导拍卖收益服务于纳税人；其次，避免在能源市场出现扭曲现象，保证公平竞争；最后，这种机制可以带来更多的参与者和配额交易，增强市场活力。

针对天然气企业的排放配额分配，CARB 采用的是基于 2011 年排放量的确定方法。具体而言，天然气供应商的配额量等于其 2011 年排放量乘以总量调整因子。这些企业可以自主地分配其履约账户和有限使用的持有账户中的配额数量，但在每年 9 月 1 日之前必须向主管部门报告其每个账户中的配额比例。自 2015 年起，有限使用的持有账户中的配额比例必须至少为25%，并每年递增5%。此外，自2015年起，针对天然气供应商的配额分配也将采用类似于电力设施的机制，即所有免费分配的配额必须进行拍卖，拍卖收益必须用于纳税人。

加州碳市场采用季度性的单轮、密封、统一价格拍卖的方式。该市场包含三种拍卖类型：当期配额拍卖、未来配额提前拍卖和委托拍卖。

当期配额拍卖的是当前和以往预算年的配额。自2013年起，每个季度的拍卖将有当年预算年配额的1/4用于拍卖。这些配额可以立即用于履约。

未来配额提前拍卖则拍卖未来预算年的配额。自2013年起，每个未来配额提前拍卖将提供从当前预算年往后第3年配额的1/4用于拍卖。这些配额不能立即用于履约，应保存到配额生效年份。未来配额提前拍卖有助于纳入实体进行长期规划，同时保证了尽早履约。

委托拍卖是指拥有有限使用权的持有账户实体必须将其账户中的配额在季度拍卖中进行出售，这种规定称为"货币化要求"。自2012年起，配电企业必须将其有限使用的持有账户中的1/3配额参与拍卖，2012年后所有的配额都必须参与拍卖。自2015年起，天然气供应商也必须在拍卖中出售其有限使用的持有账户中的所有配额。

加州碳市场的灵活机制包括三个方面：一是配额价格控制储备机制。这种机制只允许履约实体参与储备配额的购买和出售，储备配额以固定价格进行交易，从而用于调控配额价格。二是不同的账户类型。加州碳市场的账户分为履约账户和持有账户两种。其中，履约账户的配额只能用于履约，而持有账户的配额可以自由交易，但持有账户的持有数量有限制，以防止某些个体操纵市场。三是配额的存储和借贷。加州碳市场允许配额存储，并且不会过期，但数量会受到持有限制的约束。同时，市场也允许配额的借贷，但借贷的未来年份的配额仅在配额短缺时可以用于履约。

2.2.2 碳价格

自 2013 年启动以来，加州碳市场经历了四个发展阶段，并与加拿大魁北克省碳市场联合拍卖和履约，实现了跨区域碳交易。加州碳市场每年都按一定递减速率减少碳配额，以逐步减少温室气体排放量。2018 年，加州碳市场进入第三个阶段（2018—2020 年），碳配额递减速率提升至 3.3%。截至 2020 年，加州碳市场的排放上限为 3.34 亿吨二氧化碳当量，较 2018 年减少了 0.24 亿吨[①]。加州碳市场已经举行过八次拍卖。其中，2013 年拍卖五次（包括五次 2013 年配额"V13"和五次 2016 年配额"V16"的提前拍卖），五次累计成交 8 105 万吨，除了第一次拍卖底价为 10 美元/吨，其他四次均为 10.71 美元/吨，最终成交价均高于拍卖底价。2014 年度前三次拍卖累计成交量为 2 2473 043 吨，拍卖底价相对于 2013 年有所上涨，为 11.34 美元/吨，最终成交价也高于拍卖底价。

2014 年第一期加州碳配额拍卖的价格与 2013 年 11 月第五期拍卖的价格持平，达到了六次拍卖中的最高值。此外，该次拍卖也是连续三期未来年份配额全部拍出，表明企业对未来年份配额的需求逐渐增加。2014 年 8 月 18 日，加州空气资源局进行了第八期加州碳配额拍卖，截至该次拍卖，加州政府累计获得 8.33 亿美元的碳配额拍卖收入。

2015—2016 年，加州碳市场的配额拍卖价格一直稳定在 12 美元/吨左右。受到新冠肺炎疫情影响，2020 年年初拍卖价格从高位 17.87 美元/吨下跌，但随后逐渐恢复并回归稳定上涨趋势，在 2021 年达到历史最高价，拍卖价格突破了 28.26 美元/吨。2017 年 9 月，加州碳市场的交易价格上涨至 15.4 美元/吨，这也是历史最高价[②]。

加州魁北克碳市场的初始配额发放以拍卖为主，每个季度会进行一次拍卖。

---

① 鲁政委，叶向峰，钱立华，等."碳中和"愿景下我国碳市场与碳金融发展研究 [J]. 西南金融，2021 (12)：3-14.

② 陈星星. 全球成熟碳排放权交易市场运行机制的经验启示 [J]. 江汉学术，2022，41 (6)：23-31.

2022年8月第32次拍卖均价为27.38美元/吨，较上一季度下降了10%。这主要是由于这次远期拍卖发行数量为794万吨，以均价30美元/吨的价格全部售出。而现货拍卖则以27美元/吨的价格全部售出，成交价较上一期下降了12%，导致第32次拍卖均价价格下滑。该次拍卖总成交量为6 489万吨。

2.2.3 履约机制

加州建立了20种行业核算报告方法，坚持引用第三方核查机构并对其进行严格的培训和资格管理。目前已经有超过40家合格的第三方核查机构和超过200名核查人员。根据其制定的强制性规则，年排放量超过10 000公吨二氧化碳的实体必须每年进行报告。这些实体需要建立内部审计、质量保证和控制系统来确保数据的准确性和及时性。同时，年排放量超过25 000公吨二氧化碳的实体所报告的数据将会接受独立第三方核查机构的核查。

同时，每个实体都必须按要求保存所有记录至少10年，并在CARB提出书面申请后的20天内提交相关记录。这些记录包括提交的所有报告和数据的复印件、用于计算履约义务的记录、排放和产量数据的核查报表，以及详细的核查报告。

加州碳市场的履约分为年度履约和履约期履约两种。每个碳排放权交易实施阶段为一个完整的履约期。在年度履约方面，实体需在次年的11月1日前上缴相当于其上一年排放量30%的配额或抵消信用。而在履约期履约方面，实体需要在每个履约期的期末将上一个履约期所有未缴清的配额缴清，以完成履约期履约义务。第一个履约期为2年，第二和第三个履约期为3年。

此外，加州碳市场禁止任何形式的欺诈、虚假报告、误导或操纵设备的行为，否则违规实体将受到民事和刑事处罚。如果纳入计划的实体和自愿加入的实体未能按时履行年度和履约期的履约义务（未及时履约是指在履约截止期后，第一次拍卖或配额储备出售的5天内未履行履约义务），则将处以相应未缴纳配额量4倍的履约工具作为处罚①。

2.3 韩国碳市场

韩国作为一个重要的温室气体排放国，也是东亚地区率先建立国家层面碳市场的国家之一。韩国的碳市场建设的重要特色在于其采取国家立法自上而下的方式逐步推进。在法律层面，韩国国会通过了《低碳绿色增长框架法》，为韩国应对气候变化以及通过市场手段实现温室气体减排提供了法律基础。

2.3.1 总量及配额分配

韩国的碳市场涵盖了热力和电力、工业、建筑业、废物处理、交通运输（包括境内航空）和公共事业六个领域，门槛为年碳排放超过12.5万吨或单一设施年排放超过2.5万吨的企业，共有685家排放企业纳入该市场，覆盖了韩国约70%的温室气体排放。自2021年起，韩国碳市场进入第三阶段，初期配额总量为5.89亿吨，并将在2025年前逐年递减0.96%②。

为了激励企业积极参与碳市场并考虑到其竞争性的影响，韩国碳市场的配额发放实行由全部免费发放逐步过渡至拍卖的形式。第一履约期（2015—2017年）的配额将全部免费发放给企业，不采用拍卖的方式。电力、钢铁和化工的大多数部门将根据历史法，以历史数据基准年（2011—2013年）的平均温室气体排放量获得免费配额。而水泥熟料、炼油厂和民航三个行业将根据标杆法，以基准年（2011—2013年）平均温室气体排放量的行业标杆值来获得免费配额。

对于配额的初始分配，韩国政府各职能部门经过协商决定在企划财政部旗下成

---

① 易美君.广东、欧盟及加州碳市场的比较研究——基于制度设计与市场成熟度的研究［D］.广州：暨南大学，2015.

② 潘晓滨.韩国碳排放交易制度实践综述［J］.资源节约与环保，2018（6）：130-131.

立排放配额分配委员会（Emission Allowances Allocation Committee）专门负责起草分配计划。配额分配方案将根据不同的交易期和产业部门而制定不同的标准，涵盖实体必须事先填写并向委员会提交分配申请表格，不同阶段期的年配额分配量可以由委员会进行修改。在第一交易期，配额初始分配采用100%免费分配方式，而在第二和第三交易期则降至了97%和90%。相应地，第二和第三交易期的配额拍卖比例分别为3%和10%。高风险碳泄漏部门将获得100%的免费配额分配。在已经结束的第一交易期，大部分控制碳排放的企业按照2011—2013年平均排放数据采用"祖父法"计算获得免费配额。而水泥、炼油和航空企业则按照"基准线法"获得免费配额。此外，第一交易期中的5%储备配额分别包括14 Mt二氧化碳的市场稳定储备配额、41 Mt二氧化碳的早期行动奖励配额、33 Mt二氧化碳的新入者配额以及其他部分。在运行过程中，所有分配剩余的配额和收回的配额都将计入配额储备当中。

2.3.2　碳价格

韩国碳市场在初期运行时，碳配额价格较低，约为10美元/吨，但随后逐步上涨，到2018年价格已经涨至20美元/吨左右。2019年11月，韩国采取了一系列政策措施，包括进一步收紧减排目标、提高拍卖比例以及允许个人投资者参与等，使得韩国碳市场的碳价持续上涨。

2019年，韩国碳市场的交易量达到3 800万吨，但在2020年受到疫情影响以及2021年配额供过于求的情况下，碳配额价格两次出现暴跌，分别跌至每吨16.53美元和每吨10.65美元。2020年，韩国碳市场的交易量为4 400万吨，交易额为11 710亿韩元。2022年2月，俄乌冲突的影响加快了全球尤其是欧洲地区的新能源和碳排放市场建设进程。《2021年碳市场回顾报告》显示，2021年全球温室气体排放成本迅速上涨，当年韩国的碳排放配额平均价格为每吨17欧元[①]。

---

① DELKKYO, SANG-HYUP KIM.Green finance in the republic of KOREA: Barriers and solutions [R]. Manila: Asian Development Bank Institute, 2018.

2.3.3 履约机制

韩国碳市场的市场交易管理和履约责任方面有以下规定：控排企业如果不能足额上缴配额，则会面临当前市场价格3倍以上的罚款，数额上限为每吨二氧化碳10万韩元（约合94美元）。首两个交易期内，可以参与交易的实体有碳市场涵盖的企业、韩国中小企业银行、韩国进出口银行和韩国金融公司。第一交易期主要注重制度建设和控排企业对市场的适应，因此市场交易的重要性相对较低，韩国交易所成为碳单位（包括配额和抵消信用）的交易机构。为了增加市场流动性和交易所业务，韩国优先允许一些抵消项目的自愿减排量进入市场交易。截至2016年9月，有72个自愿减排项目获得认证，获得14.8 Mt二氧化碳的"韩国核证抵消信用（KOCs）"。需要注意的是，KOCs只能用于市场交易，不能用于控制排放企业的履约。如果需要将其纳入履约，KOCs单位还需要在特定预备期内获得转化为"韩国核证减排量（KCUs）"的批准，才能在下一个履约期用于控制排放企业的上缴。此外，KOCs的使用也受到特定比例限制。根据韩国交易所数据，在第一交易期KOCs的交易量占据了总交易量的61%，KCUs的交易量为24%，韩国碳市场配额（KAUs）仅占据15%的剩余量。同时，根据交易规则，KOCs信用单位还可以在场外交易中使用。

2.4 新西兰碳市场

具有一定国际影响力的碳市场还有新西兰碳市场。新西兰是第二个实施碳排放权交易制度的国家，仅次于欧盟。政府采取了"以立法为主，政策配套相结合"的模式来应对气候变化，非常重视通过法律手段来确立碳市场的法律地位。新西兰碳市场是目前大洋洲在运行的唯一碳市场，农业为主的产业结构导致新西兰碳市场是目前唯一覆盖林业部门的碳市场。

2.4.1 总量及配额分配

新西兰碳市场的初始配额为免费分配，并且在过渡期内不实施拍卖。这些免费配额从 2010 年 7 月 1 日开始发放，在过渡期内采用"排二缴一"的政策，因此免费分配给合法企业的 NZUs 数量也将是正常补贴的一半。政府对合法工业活动的援助从 2013 起逐年减少 1.3%；对农业的援助，则从 2016 年起逐年减少 1.3%。

在 NZ–ETS 中，尽管同样可以使用其他可用的排放配额单位，但政府规定 NZUs 是首选的排放配额标准，由新西兰政府官方制定。任何个人或实体都可以持有或交易 NZUs。遵守约定的实体可以将配额留作储备，并在未来的履约期内使用配额，但不得借入（做空）NZUs。在第一个《京都议定书》承诺期内，每个 NZUs 等同于一个京都单位。过渡期结束时，新西兰排放登记簿将以京都单位为基准调整 NZUs。这使得 NZ–ETS 的遵约实体可以通过登记簿将 NZUs 兑换成京都单位，并进行离岸出售。

NZUs 的独特法律特性要求它必须为持有者在进行贸易或交易所持有的 NZUs 时提供足够的保障措施，包括在税收系统下对 NZUs 的处理方式等多个方面。为了确保所有相关方能够达成一致，政府与既得利益者和非既得利益者共同协商制定了配额单位的相关法律特性。

具体而言，NZUs 的免费分配在不同行业采取不同的方式。

在渔业中配额的分配遵循"祖父法"，即将 2005 年排放量的 90% 分配给渔业。对于林业中的免费配额，只针对"1990 年以前的林地"，分配将基于森林的性质和购买时间，过渡期内不考虑树种等因素。例如，购买于 2002 年 11 月 1 日之前的"1990 年以前的林地"每公顷可获得 60 个 NZUs 的免费配额，分两次发放，截至 2012 年 12 月 31 日每公顷发放 23 个 NZUs，之后每公顷发放 37 个 NZUs。

工业免费配额的分配采用了基线法，即以某种活动产生的单位产出平均排放为基准，根据企业向政府提供的相关数据计算得出。这种方式旨在激励高效企业并促使低效企业改进。

2.4.2 碳价格

新西兰政府将 2008—2012 年定为过渡期，采取"价格政策"，包括政府定价和"买一送一"。政府为了防止价格波动对市场造成干扰，将一个新西兰单位的交易价格固定为 25 新元/吨二氧化碳。在过渡期内，每排放 2 吨二氧化碳当量，企业只需支付 1 个新西兰单位，即排放成本为 12.5 新元/吨二氧化碳，相当于"买一送一"。这种政策不仅稳定了市场，还相对减轻了企业减排的负担。需要注意的是，由于经济形势不佳，新西兰政府于 2012 年 7 月宣布延长了过渡期。

在新冠肺炎疫情的严重影响下，新西兰碳市场的碳价在 2020 年 3 月底出现了一波短暂的下跌，跌至 14.35 美元/吨。但很快市场恢复并在 2020 年 6 月初超过了 19.48 美元/吨，随后一路上涨，截至 2021 年 10 月，已经超过了 40 美元/吨。

新西兰碳市场在 2022 年 11 月碳价表现出小幅度上升趋势。可以看出，在 10 月 3—7 日碳价一路上升，从 45.52 美元/吨上升至 48.16 美元/吨。10 月 10—12 日，碳价下跌 3 日。10 月 13 日跌势暂缓，随后碳价出现稳步上涨的趋势。

在全球主要碳市场中，新西兰碳市场的价格走势一直较为平稳，由于新西兰碳市场上存在多项支撑碳价稳定的机制（如实施成本控制储备等），预计新西兰碳市场未来仍较为稳定。

2.4.3 履约机制

为了确保信息的真实性和准确性，新西兰政府对参与新西兰碳市场的企业实行测量、报告和核查的规定。其中，政府采取以下措施：①要求独立第三方机构对参与者的年度报告进行核查；②要求独立第三方机构对参与者提交的免费配额额度进行核查；③政府承诺能够诉诸权力机构采取有约束力的裁决，使参与者能够按照其提议的活动建议履约；④增加参与者汇报排放情况的频次。

参与新西兰碳市场的主体采用基于税收体系的自我评估方法来履行义务。其估算方法与《联合国气候变化框架公约》中的国家清单报告指南和《京都议定书》的核算指南保持一致。参与者需要对自身的排放量进行评估：在每个履约期（每年1月1日到12月31日）内计算其排放量，并在次年3月31日前提交年度报告以说明其排放活动和排放量。为避免受到处罚，主体应在履行相关义务的前6—12个月开始进行汇报。参与新西兰碳市场的主体可通过以下方式履行义务：①购入并上缴在新西兰碳市场上的NZUs（从获得免费配额或赚取NZUs的主体手中购入）；②购入并上缴在国际碳市场上符合条件的排放配额；③上缴分配到或赚取的NZUs；④上缴以固定价格期权形式从政府认购的NZUs。

新西兰政府采用税收制度与其他措施相结合的方式来惩罚NZ-ETS中的违约和欺诈行为。在过渡期内，NZ-ETS没有设置排放上限，但当参与者的排放量超过其所得的免费配额时，必须从市场或政府购买NZUs。如果没有及时上缴所需的NZUs，参与者除了必须全额补缴之外，还需支付30新元/吨的罚款。如果参与者故意不履行义务，则必须按照1：2的比例补缴NZUs，罚款金额也将提高至60新元/吨，并且可能会面临刑事处罚。对于未能履行其他义务的参与者，第一次违约将被处以民事罚款4 000新元，第二次违约将被处以民事罚款8 000新元，第三次违约将被处以民事罚款12 000新元。如果遵约实体故意不履行减排义务，则面临巨额罚款和个人的刑事定罪。如果无法监测或报告符合条款的排放量，遵约实体则必须向行政机构汇报其原因，行政机构将对其排放量进行默认评估。在这种情况下，遵约实体将因未能履行义务而受到罚款，并承担更严厉的补偿额和更高的经济惩罚。对于较小的行政侵权违规行为，将采取一系列小规模的处罚措施，法规还规定了对行政机关决定的适当上诉程序。

2.5 日本东京都碳市场

日本曾计划建立全国性碳市场，由国家政府主管，主要针对超大型的排放源，如电厂和钢铁厂等能源和资源提供者，纳入其减排计划的碳排放量将达到全国碳排放量的一半。但由于各种原因，该计划一直未能实施。因此，日本决定搁置全国碳市场建设计划，先从东京都着手。2010年4月，东京都启动了碳市场，成为日本和亚洲地区的第一个碳市场。

2.5.1　配额分配

东京都碳市场纳入设施的一般分配规则规定，每个承诺期开始之初，现有设施可以免费获得除为新增设施预留配额之外的剩余配额。这些配额的分配采用基于历史排放量的"祖父法"，具体计算方法为：

"祖父法"分配配额=基年排放量×履约因子×承诺期（5年）

在 2010 年以后，新进入到碳市场的建筑与新增的办公大楼共同获得为新进设备预留的免费配额。配额的分配方法有两种：一种是基于历史排放量的"祖父法"；另一种是基于排放强度标准的分配方法。只有符合《设施运营管理标准指南》（Guideline for Certification of Operation Management in Facilities）中气候变化措施的推进水平的设施才能选用第一种方法。这样做是为了避免在按照"祖父法"的情况下，新进入者在进入市场之前故意大量排放温室气体，以获得更多的配额。商业部门相关设施运营管理，见表2-1。

表2-1　　　　　　　　　　　商业部门相关设施运营管理

	运营管理	运营管理条件
制暖供暖设备	禁止制热设备的非必要运行	制暖设备开启时间最早不得早于供应端空调设备开启1小时，且应在供应端空调关闭前关闭
	禁止空调泵的非必要运行	空调泵开启时间最早不得早于供应端空调设备开启1小时，且应在供应端空调关闭前关闭
空调及通风设备	禁止空调设备的非必要运行	空调设备开启时间最早不得早于房屋使用时间1小时，且应在结束使用房屋前关闭
	禁止设置过高的室内温度	用空调取暖时室内的最高设置温度不得高于22℃，用空调降温时室内的最低温度设置不得低于26℃
照明及电子设备	禁止非必要照明	按照房屋使用时间来控制照明时间

第二种方法中基年排放量为排放强度标准与排放活动指数的乘积。排放强度标准参照《能源相关的二氧化碳排放量监测和报告指南》（Guideline for Monitoring and Reporting Energy-Related CO_2，Emissions），具体数据见表2-2。

表2-2 各类设施的排放强度标准

设备分类	排放活动指数	排放强度标准
办公室	面积（平方米）	85（千克CO_2每年每平方米）
办公室（公用办公楼）	面积（平方米）	60（千克CO_2每年每平方米）
信息交流	面积（平方米）	320（千克CO_2每年每平方米）
广播站	面积（平方米）	215（千克CO_2每年每平方米）
商业	面积（平方米）	130（千克CO_2每年每平方米）
住宿	面积（平方米）	150（千克CO_2每年每平方米）
教育	面积（平方米）	50（千克CO_2每年每平方米）
医药	面积（平方米）	150（千克CO_2每年每平方米）
文化	面积（平方米）	75（千克CO_2每年每平方米）
配送	面积（平方米）	50（千克CO_2每年每平方米）
停车场	面积（平方米）	20（千克CO_2每年每平方米）
工厂及其他	—	历史排放量的95%

2.5.2 碳价格

根据实际的运行效果，东京都碳市场的第一个履约期实现了超额减排的目标，实际的碳排放降低了6%~8%[1]。根据2015年的统计数据，东京都碳市场已经在基准排放的基础上实现了26%的减排。该市场允许使用抵消量进行履约，包括东京

① TSUTOMU HIRAISHI, GAVIN RAFTERY, YUGO NAGATA.Regulation of emissions trading in Japan [R]. Chicago: Baker Mckenzie, 2007.

都内未被覆盖的中小型场所、东京都外的大型场所和可再生能源产生的抵消量。截至 2018 年 9 月，东京都共签发抵消量超过 1 千万吨，累计交易量达到 67 万余吨。同时，东京都控制排放的对象还从埼玉县碳市场购买了约 5 000 吨的碳排放权以履行自己的减排义务。东京都碳市场的碳排放配额价格在初期较高，但随着市场日益成熟，碳价趋于下降。从 2011 年的 1.25 万日元/吨（约合人民币 767.7 元）下降到了 2018 年的 650 日元/吨（约合人民币 39.9 元）。

2.5.3　履约机制

MRV 制度是东京都碳市场监管机制的核心。对企业和设备层面点源温室气体排放的测量、报告与核查十分重要。首先，MRV 制度能够核准初始排放量，为减排配额的初始分配提供依据；其次，MRV 制度能够核准减排设施每财年的减排额度，作为评判其减排义务履行情况的重要依据。因此，MRV 制度是减排配额商品化的一个重要技术基础。

2009 年 7 月，东京都政府发布了三项针对碳市场的规范指南，分别是面向纳入碳市场减排设施的《温室气体计算指南》、面向第三方认证机构的《申请认证资格指南》以及面向已获得认证资格的第三方认证机构的《温室气体排放认证指南》。这些规范指南的制定为各主体提供了明确的计算、监测、报告和核查温室气体排放的规则，确保了碳市场的公平性。

参与配额分配的设施有法定义务将其排放量控制在排放限制量以下。如果违反该义务，将会受到处罚。这些惩罚包括罚款（50 万日元）、通报和按未完成比例征收的额外费用。政府决定这些额外费用的计算方法，以吨为单位。这意味着未能履行减排义务的企业，即使交了罚款，仍需承担从其他地方购买配额以完成其减排任务所需支付的费用。

一般都是在一个承诺期结束后的那一年进行履约评估。举例来说，始于 2010 年结束于 2014 年的承诺期的履约评估将在 2015 年进行。参与配额分配的设施有义务在 2015 年向政府提交在承诺期内的总排放量。至此，排放量超过其配额的设施要在 2015 年内通过碳排放权交易将其最终排放量（实际排放量减去通过碳排放权交易获得的排放量）降低到配额以下。根据政府规定，未完成减排义务的企业需要通过碳排放权交易获得的排放量等于实际排放量减去限额再乘以 1.3。未能在政府规定的期限内达到减排要求的设施将会被处以 50 万日元的罚款，并且政府会公布未能完成减排任务的设施名称及其违反减排义务的情况。

此外，对于未能按要求提供温室气体排放报告的设施，碳市场也会予以处罚。这些设施将会被处以 50 万日元的罚款，并且政府将通报这些设施的名称及其违反规定的情况。

同时，为保证实体能及时履行各项义务，第三方认证机构将针对各种义务的违规情况制定对应的罚款及惩罚措施。

本章习题

1. 欧盟碳市场在交易过程中如何发挥金融特点，吸引大量金融机构参与，并结合 2023 年"证监会给八大券商发放了自营参与碳排放权交易的无异议函"，阐述其对中国碳市场建设的影响。

2. 概述韩国、新西兰以及日本碳市场履约机制的特点。

3. 目前，有一些人认为欧盟碳关税（CBAM）将影响我国光伏、储能、新能源汽车等优势产业的出口，还有一些人认为碳关税是欧盟碳市场的延伸，而欧盟碳市场并未纳入汽车制造业和光伏制造业，所以我国相关产业不会受到影响。请结合欧盟碳关税相关条款，说出你对此事的判断。

第 3 章　中国碳市场

3.1　中国碳市场的兴起与发展

中国是全球排放量最高的碳排放大国，全年碳排放高达 100 亿吨，占据了全球碳排放总量的近 30%，为了体现具有环境责任感的大国担当，实现"双碳"目标，减排行动已成为当务之急。2011 年，国家发改委选择北京、天津、上海、重庆、湖北、广东及深圳七个省市作为碳排放交易市场建设试点，与行政指令、经济补贴等工具手段相比，碳排放权交易具有成本低、可持续性强等优势，因此被认为是我国重要的控制碳排放的手段之一。自 2013 年起，深圳率先启动了试点碳市场，随后上海、北京、广东、湖北和重庆相继加入，各试点碳市场覆盖范围有所不同，交易体系相互独立，共同探索碳市场未来的发展机遇。我国试点碳市场由两大部分组成，包括碳排放配额交易市场和中国核证自愿减排量（China Certified Emission Reductions，CCER）市场。2017 年年底，全国碳市场完成总体设计并正式启动。2021 年 7 月 16 日，全国碳排放权交易市场上线交易，地方试点碳市场同时进行。

3.1.1　我国碳市场试点建设历程

经过"十二五"规划的明确提出，为逐步建立碳排放交易市场，我国于 2011 年 10 月发布了《关于开展碳排放权交易试点工作的通知》，批准北京、上海、天津、重庆、湖北、广东和深圳七个省市开展碳交易试点。2013 年和 2014 年，七个省市的碳交易试点相继运行，涉及 20 多个行业和近 3 000 家重点排放单位。截至 2017 年 9 月，试点范围内的碳排放总量和强度呈现双降趋势，累计配额成交量达到 1.97 亿吨二氧化碳当量，约为 45 亿元人民币。同时，碳市场的试点工作也为全国统一碳市场的推行积累了丰富经验。这体现了我国为应对气候变化和实现经济低碳转型所做的重要努力。

我国碳交易制度由七个碳交易试点的省市自行合理设计，以符合该试点自身特点，积极探索碳市场建设。

表3-1为中国试点碳市场机制设计的具体内容。从表3-1中可以看出，碳交易覆盖行业分为三类：第一类是北京和深圳，由于这两个城市高耗能产业较少，因此将高耗能企业外的其他主体纳入碳市场。除了工业外，深圳还将公共建筑纳入覆盖行业，而北京则将服务业纳入碳市场。第二类是上海，上海的碳市场门槛针对工业企业和非工业企业有所区别，并且上海是唯一将交通运输行业纳入碳市场的地区。第三类是天津、广东和湖北，由于这三个地区高耗能产业比重大，因此主要将高耗能产业纳入碳市场交易，同时这些地区设置的门槛较高。目前，湖北碳排放权交易中心在市场交易规模、连续性等多项主要市场指标上均位居全国首位。

表3-1　　　　　　　　　　　　　中国试点碳市场机制设计

试点	启动时间	第二产业（万亿元）		覆盖行业	纳入门槛	企业数量	配额数量	覆盖气体
		增加值	占GDP比重					
深圳	2013.6	1.05	38%	工业：天然气、供电、供水、制造业；非工业：大型公共建筑、公共交通、地铁、港口码头、危险物处理	CO$_2$排放量≥3 000吨/年；公共建筑面积≥20 000㎡；机关建筑面积≥10 000㎡；	687家（2020年）	0.22亿吨（2020年）	CO$_2$
北京	2013.11	0.57	16%	工业：电力、热力、水泥、石化、其他行业；非工业：其他服务业（含数据中心）、交通运输业、事业单位	CO$_2$排放量≥5 000吨/年	859家（2020年）	0.5亿吨（2018年）	CO$_2$
上海*	2013.11	1.03	27%	工业：发电、电网、供热、供水、钢铁、石化、化工、有色、建材、造纸、橡胶和化纤；非工业：航空、水运、港口、四类建筑（商场、宾馆、商务办公、机场）和铁路站点	工业：CO$_2$排放量≥20 000吨/年；非工业：CO$_2$排放量≥10 000吨/年	323家（2021年）	1.09亿吨（2021年）	CO$_2$

续表

试点	启动时间	第二产业（万亿元）		覆盖行业	纳入门槛	企业数量	配额数量	覆盖气体
		增加值	占GDP比重					
广东**	2013.12	3.30	40%	2022年度前：水泥、钢铁、石化、造纸、民航；2022年度起：覆盖行业新增陶瓷、纺织、数据中心等	2022年度起：CO_2排放量≥10 000吨/年或综合能源消费量≥5 000吨标准煤/年	190家（2021年）	2.65亿吨（2021年）	CO_2
天津	2013.12	0.48	34%	钢铁、化工、石化、油气开采、航空、有色金属、矿山、食品饮料、医药制造、农副食品加工、机械设备制造、电子设备制造、建材、造纸	CO_2排放量≥20 000吨/年	139家（2021年）	0.75亿吨（2021年）	CO_2
湖北	2014.2	1.70	39%	热力、有色金属、钢铁、化工、水泥、石化、汽车制造、玻璃、陶瓷、供水、化纤、造纸、医药、纺织、食品饮料	2017—2019年任一年综合能耗≥10 000吨标准煤	332家（2020年）	1.66亿吨（2020年）	CO_2
重庆	2014.6	1.00	40%	石化、化工、水泥、供水、汽车制造、电解铝、农副食品加工、建材、玻璃、造纸、其他行业	CO_2排放量≥20 000吨/年	187家（2020年）	0.97亿吨（2018年）	多种气体

注：（1）*表示上海统计年鉴最新数据为2019年度数据，其他试点省市第二产业的增加值及其占GDP比重均为2020年数值。（2）**表示广东第二产业的增加值及占GDP比重的数据剔除了深圳数据。

数据来源：各试点市场主管部门网站与交易所网站。

　　根据各地区碳交易的实施情况，从碳排放配额分配方式来看，免费配额是主要的分配方式，适时会推行拍卖等有偿方式。在免费配额发放方式上，试点地区大多采用了历史法和基线法相结合的方式。然而，为了鼓励企业参与碳交易，在初期试点阶段，各地区都给予企业较为宽松的配额，这能让碳市场循序渐进发展。

3.1.2　全国碳市场建设进程

3.1.2.1　推动全国碳市场的相关政策和行动

　　自我国建立全国碳市场以来，相关部门在多个文件中作出了明确部署，见

表3-2。早在"十二五"规划时期，我国就提出逐步建立碳排放交易市场的目标，随后在党的十八届三中全会提出了推行碳排放权交易制度的要求，并在《生态文明体制改革总体方案》中将碳排放权交易市场作为重点任务之一。随着碳市场的发展，党的十八届五中全会再次提出了建立碳排放权初始分配制度，探索有偿使用和投融资机制的创新，并进一步培育和发展碳市场。2015年9月，国家主席习近平在《中美元首气候变化联合声明》中宣布，计划于2017年启动全国碳排放交易体系，这是加快建设全国统一碳市场的重要信号。随后，2016年1月，国家发展和改革委员会印发了《关于切实做好全国碳排放权交易市场启动重点工作的通知》，初步确定了全国碳排放权交易市场第一阶段将涵盖八个行业。为实现全国统一碳市场的启动，国家陆续进行了立法工作和配套软硬件措施的推进，为2017年年底的全国统一碳市场启动奠定了坚实的基础。

表3-2　　　　　　　　　　推进全国碳市场建设的相关政策和行动

日期	文件/工作	部门
2011年3月	《中华人民共和国国民经济和社会发展第十二个五年规划纲要》	国务院
2012年6月、10月	《温室气体自愿减排交易管理暂行办法》《温室气体自愿减排项目审定和核证指南》	国家发改委
2013年11月	《中共中央关于全面深化改革若干重大问题的决定》	党的十八届三中全会
2015年9月	《生态文明体制改革总体方案》	中共中央 国务院
2015年9月	《中美元首气候变化联合声明》	
2016年1月	《关于切实做好全国碳排放权交易市场启动重点工作的通知》	国家发改委
2017年10月	国家发改委在积极配合国务院法制办开展《碳排放权交易管理暂行条例》立法审查工作	国家发改委
2017年10月	推动全国碳排放权注册登记系统和交易系统的建设工作。起草了全国碳排放权交易市场建设方案、市场监督管理办法、企业碳排放报告管理办法，包括《碳排放领域失信联合惩戒备忘录》等相关的配套措施、配套制度	国家发改委

3.1.2.2　全国碳市场的最新进展

2021 年 7 月 16 日，我国全国碳排放权交易市场正式启动线上交易，采用了"双城"模式，即上海负责交易系统建设，湖北武汉负责登记结算系统建设。经过长达 7 年的试点工作，我国全国统一碳市场终于建立。首批纳入碳市场的企业包括发电行业中超过 2 000 家重点排放单位，其碳排放量合计超过 40 亿吨二氧化碳。这使得我国碳市场超过了欧盟碳市场，成为全球排放量最大的碳排放权交易市场[①]。

上海环境能源交易所负责全国碳排放权交易系统建设和运营，2022 年 12 月 22日，上海环境能源交易所宣布全国碳排放权交易市场的累计成交额已突破 100 亿元。全国碳市场自 2021 年 7 月开启线上交易以来，已经运行了 350 个交易日，累计成交量为 2.23 亿吨碳排放配额，累计成交额为 101.21 亿元。这个消息表明，全国碳市场的交易活跃度逐步提升，也证明了全国碳市场交易环境是稳健可靠的。

在自愿碳市场方面，2023 年 10 月 19 日生态环境部、国家市场监督管理总局共同发布《温室气体自愿减排交易管理办法（试行）》。2023 年 10 月 24 日，生态环境部办公厅印发造林碳汇、并网光热发电、并网海上风力发电、红树林营造首批四个温室气体自愿减排项目方法学，预示着暂停 6 年之久的国家自愿碳减排交易市场启动在即。

在国际方面，2023 年 4 月 25 日欧盟理事会正式批准了碳边境调节机制（CBAM）。2023 年 5 月 16 日，欧盟公报发布欧盟碳关税法案文本，于 5 月 17 日正式生效，全球第一个货真价实的碳边境调节税正式开始实施。2023 年 10 月 1 日，CBAM 正式进入过渡期，在此期间出口到欧盟的产品需要提交碳排放报告，但无须缴纳费用。2026 年 1 月 1 日，CBAM 开始正式征收，涵盖钢铁、水泥、铝、化肥、电力、氢气六种产品，并将在过渡期结束前评估是否扩大范围。CBAM 要求出口至欧盟的产品按照欧盟的要求提供碳足迹报告，并主要依据两地产品的碳排放强度差

---

① 数据来源：2021 年 7 月，国务院新闻办公室举办的"启动全国碳排放权交易市场上线交易情况国务院政策例行吹风会"。

和碳排放成本差来计算税费，主要对我国的钢铁和铝两种产品出口影响较大。

3.1.3 中国碳市场的展望

在全国统一碳市场正式运行以后，将总体经历三个阶段，即全国碳市场稳定运行，总结经验并不断完善的阶段；全国碳市场逐步扩大覆盖范围，逐步成为市场成熟、碳价信号形成的阶段；全国碳市场发展成熟衍生品，与全球其他碳市场接轨并进一步引领全球碳市场的阶段。

第一阶段：全国碳市场稳定运行，总结经验并不断完善阶段。

2018年，全国碳市场将正式开始交易，参考试点碳市场的交易情况，全国碳市场启动初期的价格平均水平在30元/吨左右，一个履约期内碳排放配额现货交易量在2亿吨左右，年均交易额为60亿元左右，如果情况乐观，年均交易额能接近100亿元。

建立全国碳市场是一个长期的过程，第一阶段的重点是尽快推进并不断完善，通过在实践中学习、规范、提升，使其逐渐成熟并转入下一阶段。在这个阶段，全国碳市场需要进一步发挥价格发现功能、资源配置功能、促进节能减排以及降低减排成本等功能，这些功能的发挥需要一定的时间积累和经验积累。

第二阶段：全国碳市场逐步扩大覆盖范围，市场逐步成熟、碳价信号形成阶段。

根据第一阶段的经验积累，在第二阶段全国碳市场的覆盖范围将逐步扩大，扩展到八大行业（即石化、化工、建材、钢铁、有色、造纸、电力和航空），预计全国碳市场覆盖行业的碳排放总量将达到50亿吨，碳价也将会上涨到60元/吨左右。一个履约期内碳排放配额现货交易量将增加到5亿吨左右，年均交易额将达到300亿元左右，在乐观情况下甚至能够接近500亿元。

在第二阶段，用3~5年的时间培育碳市场参与主体，逐步建立碳市场的价格发现、结构调整、资源配置、节能降碳及降低减排成本等功能，使得全国碳市场成为一个稳定成熟的市场。

第三阶段：全国碳市场发展成熟衍生品，与全球其他碳市场接轨并进一步引领全球碳市场阶段。

随着碳市场的运行时间逐渐增长，中国将逐步完善碳市场的机制体制，确保市场运行稳定，价格信号传导通畅。在这个阶段，一方面将降低纳入企业的能耗门槛值（如纳入年能源消耗在 5 000 吨标煤以上的企业），以进一步扩大碳市场覆盖的企业数量；另一方面，多种碳金融产品将逐渐被引入市场，以增加碳交易的参与主体。随着交易量不断扩大、碳价稳步提高以及碳金融产品的推出，预计全国碳市场年交易额将达到 1 000 亿元以上，甚至数千亿元的规模。

随着中国碳市场的长期运行和其他国家相继采用碳市场政策，各国碳市场之间的链接需求将不断增强。全球碳市场之间的链接对于降低全球减排成本具有至关重要的作用。据世界银行模型测算，到 2030 年国际统一碳市场的存在将使全球减排成本下降 1/3，到 2050 年下降一半。与此同时，碳市场的国家合作将加速各国知识和技术的交流，促进全球技术进步。预计到 2030 年，中国将成为全球最大的碳市场，通过与其他国家和地区的碳市场进行链接，将推动全球气候变化实质合作迈上一个新的台阶，预示着国际气候行动领域的新时代即将到来。

3.2 试点碳市场

3.2.1 试点碳市场的运行情况

3.2.1.1 成交均价差异较大，波动情况不一

综合考虑各试点碳市场的情况，可以看出碳市场配额成交价格存在较大的差异，日成交均价的波动情况也不尽相同。不过，大多数市场都经历了开市碳价较高、前期价格走低、后期碳价回调的过程。值得一提的是，北京碳市场的价格明显高于其他试点碳市场。

在市场启动初期，深圳碳市场的价格最高，曾在 2013 年 10 月一度突破 120 元/吨，随后开始下降，一般在 20～40 元/吨之间波动，而在 2019 年达到了 10 元/吨以下。广东和上海碳市场也分别在 2014 年和 2015 年经历了碳价的下跌，其中上海

碳市场在2016年中期碳价一度为5元/吨以下，这是七个试点碳市场的最低水平，后来逐渐回升。福建碳市场刚启动时，碳价相对较高，平均价格仅次于北京和上海，随后持续下降。北京碳市场在2015年经历了短暂下跌后，总体呈上升趋势，2020年的均价突破90元/吨。同时，上海碳市场的均价约为40元/吨，福建碳市场的均价不足20元/吨，而其他试点市场的均价则在20~30元/吨之间。北京碳市场的碳价高于其他试点市场，差距更加明显。

3.2.1.2 交易额持续增长，不同市场差异较大

试点碳市场的交易总体呈现增长态势。尽管2020年受新冠肺炎疫情影响，成交量比2019年下降了约17%，但由于成交均价提高，总成交额仍同比上升了2.3%。由于市场规模、活跃度和启动时间的差异，试点碳市场的配额交易规模差距较大。

作为省级市场，广东和湖北碳市场成交量较大，特别是广东碳市场，自2016年以来成交量一直居于首位；而天津和重庆碳市场总体成交量较少，但天津碳市场在2020年发生明显变化，成交量大幅度增加。截至2021年6月7日，广东、湖北和深圳碳市场配额累计成交量及成交额位列前三。其中，广东碳市场累计成交量占比近一半。由于启动时间较晚，福建碳市场交易规模与其他碳市场相比存在较大差距。北京碳市场由于碳价较高，尽管成交量占比仅为4.2%，但是成交额占比近12%。

3.2.1.3 总体履约率较高，但存在履约驱动及推迟现象

履约率是衡量碳市场制度设计与运行情况的重要指标。总体而言，试点碳市场的履约成效良好（见表3-3），上海、北京、广东、天津、湖北等碳市场多个年度均达成了100%的履约率，福建碳市场在2017年度也达到了100%的履约率，深圳碳市场的履约率均在99%以上。重庆碳市场的履约信息披露程度不高，目前尚无其履约率的公开数据。

在试点碳市场中，履约日主要集中在6月份。交易量的时间分布表明，在履约期附近交易活跃度较高，尤其在市场刚启动时更为明显。这反映了试点碳市场存在履约驱动的现象，即控排机构参与碳市场交易主要是为了完成履约目标。同时，这也导致了试点碳市场履约推迟的普遍现象。例如，2016年和2017年，北京碳市场

分别有 85 家和 22 家控排企业未能在履约日之前完成履约，因此北京市发改委发布了责令限期完成履约的通知。随着试点市场的发展，履约驱动的现象逐渐缓解，近年来交易集中度有所下降，显示出控排企业自主加强碳排放管理的趋势。

表3-3　　　　　　　　　2013—2018年试点碳市场履约率

试点省市	2013年	2014年	2015年	2016年	2017年	2018年
深圳	99.4%	99.7%	99.8%	99.0%	99.1%	99.0%
上海	100%	100%	100%	99.7%	100%	100%
北京	97.1%	100%	100%	100%	99.6%	未公布
广东	98.9%	98.9%	100%	100%	100%	99.2%
天津	96.5%	99.1%	100%	100%	100%	100%
湖北	—	100%	100%	100%	100%	未公布
重庆	—	70.0%	未公布	未公布	未公布	未公布
福建	—	—	—	98.6%	100%	未公布

数据来源：各试点交易所官方网站。

3.2.1.4　CCER项目申请暂停，不同市场交易量差异较大

截至 2020 年年末，国家发改委公示的 CCER 项目数量达到 2 871 个，其中挂网公示的项目为 254 个，减排量备案项目为 287 个。在公示的 CCER 项目中，风电和光伏发电项目占比超过 60%。然而，由于存在少数项目规范性不足、交易量较小等问题，自 2017 年 3 月 14 日起，国家发改委暂缓受理温室气体自愿减排交易备案申请，至今仍然未重新启动，已备案的 CCER 项目可以继续进行交易。

截至 2021 年 6 月 4 日，CCER 的累计成交量接近 3 亿吨，不过各试点碳市场之间存在较大差距。由于 CCER 抵消规则出台较早且限制条件较少，上海碳市场的 CCER 交易量遥遥领先，累计成交量近 1.2 亿吨，而湖北和重庆碳市场的 CCER 交易量相对较少。

3.2.2　试点碳市场的困境与挑战

碳市场的企业微观减排和省市宏观减排政策间有效衔接不足，碳市场和能源市场

的协同性较弱。试点碳市场还未与省市温室气体宏观减排考核直接相关联，而是直接将减排任务下放到企业层面。此外，应对气候变化和能源管理的责任分别由生态环境部和国家发展改革委负责。碳市场控制终端碳排放，而能源政策则控制前端化石能源的消费，导致部分试点碳市场的减排目标和能耗下降目标与用能权市场的目标存在重复和交叉现象，管理机制和市场建设不协调，可能会对企业造成双重负担。

市场价格发现的有效性以及市场流动性的支撑不足，"政策市"效应显著。流动性是碳配额金融化的基础，当前由于缺乏参与者，多数试点碳市场的交易量较小，市场交易集中在履约期，交易间断非常普遍，因此市场的流动性不足，价格发现也不充分，出现了"有价无市"的情况。市场调节作用不足，控排企业交易意愿不强，进一步削弱了市场的流动性，形成了恶性循环。由于碳市场是一个政策性市场，政策的不稳定性会对市场产生重大影响。例如，严重偏离市场价格的拍卖会误导市场价格，引发价格混乱。随意变更碳排放报告相关参数和核查数据质量的下降，也会最终影响市场的公信力。

现有碳市场中缺乏反映不同主体风险偏好和未来预期的碳价格发现工具，如碳期货、碳期权等。因此，现有的碳价只能体现企业在短期内对配额的需求，无法反映碳市场的长期供需关系，也无法真正反映边际减排成本。同时，各试点碳市场配额成交价格差异较大，并均离碳交易的理想价值还有一定距离。因此，现有的碳价信号尚不能真正发挥对节能减排和低碳投资的引导作用。各试点碳市场交易连续性和日成交量，见表3-4。

表3-4　　　　　　　　各试点碳市场交易连续性和日成交量

试点省市	零成交天数占比	1万吨以上成交天数占比	日均成交量（万吨）
深圳	11.8%	20.5%	2.6
上海	35.4%	20.0%	0.9
北京	34.7%	19.4%	0.8
广东	13.9%	40.5%	3.5
天津	59.7%	8.1%	0.7
湖北	—	58.4%	4.3
重庆	63.4%	4.6%	0.6

数据来源：各试点交易所官方网站，数据截至2021年12月31日。

依靠碳市场的激励机制推动企业能源转型并发挥实际作用，还有较长的路要走。随着碳市场的不断发展，企业的减排空间会越来越小，减排成本也会随之增加，因此碳价格应该逐步上涨。但实际情况是，各试点碳市场的碳价格存在差异，且相较于国外成熟的碳市场而言，国内各试点碳市场的价格整体偏低，导致市场激励机制效果不佳。同时，试点碳市场在吸纳自愿性碳市场所产生的新能源项目减排量上能力有限，企业为进行能源转型所进行的技术改造、能源转换等都要花费一定的时间。目前试点碳市场建设还处于初级阶段，市场的政策稳定性较差，因此需要一定时间来验证企业开展能源转型的实际效果。

3.3 全国碳市场

3.3.1 全国碳市场的运行情况

3.3.1.1 交易市场运行总体平稳

自 2021 年 7 月 16 日启动交易以来，为了确保全国碳排放权交易市场的平稳有序运行，上海环境能源交易所积极履行全国碳排放权交易系统和交易市场运营维护职责。截至 2021 年 12 月 31 日，全国碳市场已累计运行 114 个交易日，碳排放配额累计成交量达 1.79 亿吨，成交额高达 76.61 亿元。超过一半的重点排放单位积极参与市场交易。以履约量计算，履约完成率为 99.5%。截至 2021 年 12 月 31 日收盘，碳市场价格达到 54.22 元/吨，比 2021 年 7 月 16 日首日开盘价上涨了 13%[①]。市场运行健康有序，交易价格稳步上升，这一市场发展初步展示了碳市场促进企业减排温室气体和推动绿色低碳转型的作用。图 3-1 是 2021 年全国碳市场成交量及收盘价格情况，图 3-2 是 2021 年全国碳市场总成交额情况。

---

① 数据来源：上海环境能源交易所。

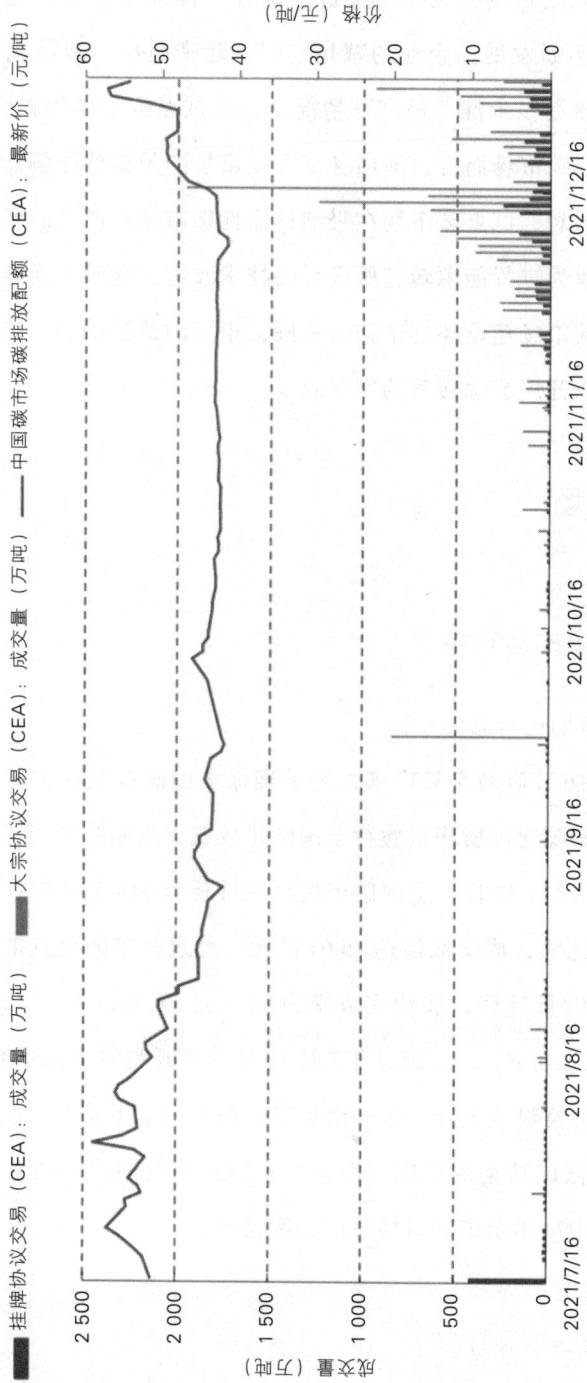

图3-1 2021年全国碳市场成交量及收盘价情况

数据来源：中国碳排放权注册登记结算有限公司官网。

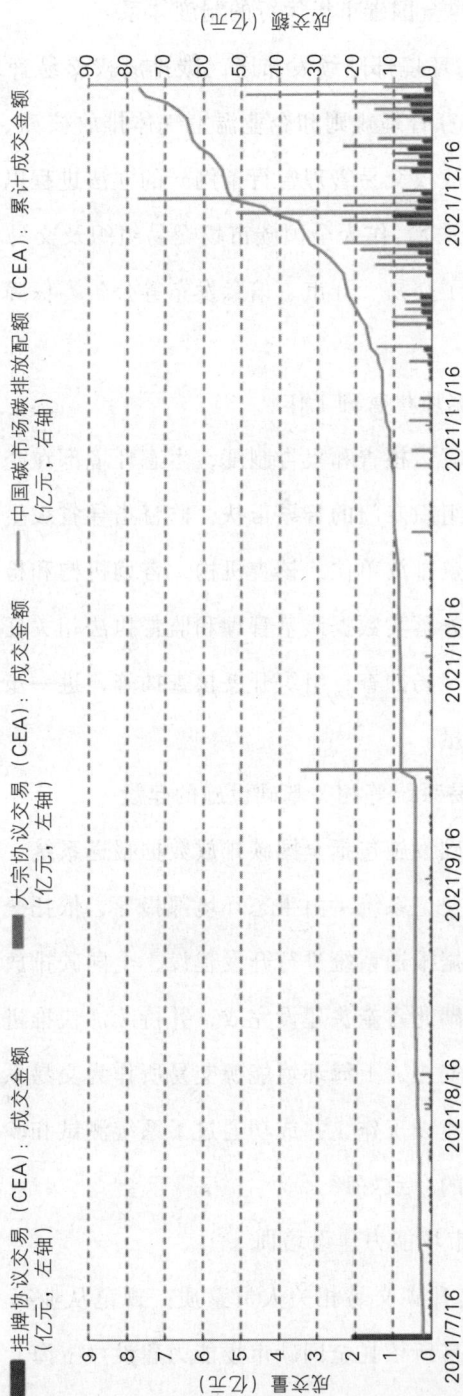

图3-2 2021年全国碳市场总成交额情况

数据来源：中国碳排放权注册登记结算有限公司官网。

3.3.1.2 基本构建支撑全国碳市场运行的制度体系

自2021年开始，生态环境部陆续发布了《碳排放权交易管理办法（试行）》、碳排放权登记、交易、结算管理规则和企业温室气体排放核算、核查等技术规范。同时，加速推进了《碳排放权交易管理暂行条例》的立法进程以及修订完善《温室气体自愿减排交易管理办法》。作为全国碳市场交易组织及交易系统运维机构，上海环境能源交易所也发布了交易、开市、信息发布等公告，保障了全国碳市场的启动秩序和稳定运行。

3.3.1.3 扎实开展数据质量管理工作

为严格执行碳排放核算、核查和报告制度，生态环境部在企业报告、地方生态环境部门核查的基础上，组织专门的督导帮扶，监督指导省级生态环境部门加大核查力度。同时，加强对重点排放单位、核查机构、咨询机构和检测机构等市场相关主体的监督管理，明确地方落实数据质量管理和监督执法相关任务的要求，并通过对地方督促检查和对企业现场抽查，组织开展核查抽查，进一步加强对全国碳市场的数据管理，提高数据质量。

3.3.1.4 顺利完成交易系统等相关基础设施的建设

全国碳市场主要的基础设施包括全国碳排放数据报送系统、全国碳排放权交易系统、全国碳排放权注册登记系统。由生态环境部指导，依托全国排污许可证管理信息平台，全国碳排放数据报送系统进行开发建设，全国碳排放权交易系统和注册登记系统分别由上海市和湖北省牵头建设完成，并持续加快推进系统管理机构组建工作。根据上海市的统一安排，上海环境能源交易所作为交易系统建设技术支撑机构，全力开展交易系统的建设工作，并成功通过了系统测试和验收，得到了主管部门、业内专家和市场主体的一致好评。

3.3.1.5 着力开展碳市场能力建设培训

2021年，为进一步提升碳交易相关人员素质、规范从业行为、培养碳交易专业人才，上海环境能源交易所依托全国碳市场能力建设（上海）中心，围绕碳市场原理和政策、建设经验和未来展望、碳金融和低碳产业研究、国内外碳市场发展等专题，在上海、山东、河北、河南等地共计举办近 50 场能力建设培训，培训人数超过 2 500 人。

3.3.2　全国碳市场面临的挑战

3.3.2.1　覆盖范围亟须扩大

我国碳市场纳入的企业标准是八大行业综合能源消费量约 1 万吨标准煤及以上或年温室气体排放量达到 2.6 万吨二氧化碳当量的企业或者其他经济组织。第一批纳入的企业包括 2 162 家发电企业和自备电厂，其二氧化碳排放总量达到 45 亿吨。预计在"十四五"期间，全国碳市场将逐步纳入发电行业外的七个重点能耗行业（即石化、化工、建材、钢铁、有色、造纸和航空）。一旦涵盖了八大行业，全国碳市场的配额总量将从目前的 45 亿吨扩容到 70 亿吨。全国碳市场有了在发电行业中健康运行的经验以后，将按照"成熟一个行业，纳入一个行业"的原则，逐步扩大市场覆盖范围。目前，碳市场扩容面临以下主要难点：

（1）碳排放数据质量基础不牢

首先，为了让其他行业纳入全国碳市场，必须先制定行业核算标准，并确保至少有一年的碳排放数据。行业核算指南第一版于 2013 年公布，至今已经过去 10 年时间。虽然发电行业于 2021 年 3 月和 2022 年 3 月公布了两个更新版的核算标准，但其他行业的最新核算标准尚未正式出台。2021 年 9 月，国家发布了水泥熟料和电解铝两个行业的征求意见稿，但仍未正式出台。其他行业排放过程相对复杂，排放源众多，需要更加详细的规定。理论上，发电行业在八大重点行业中核算相对容易，但仍存在数据质量问题，如蓄意造假等问题。长期以来，除了核算指南，国家碳排放帮助平台和各地主管部门还根据实际核查实践情况制定了技术规范，作为指导核算的补充依据。这表明了现实情况是复杂多样的，国家最初发布的核算指南仍存在一些不足之处。为了控制碳排放数据的质量，需要企业、核查机构、主管部门等多方共同努力，其中最重要的是落实企业对数据准确性的主体责任。然而，现阶段许多企业对碳排放核算的重要性认识不足，对核算指南的运用能力不足，这直接导致没有有效的质量控制措施应用在获取碳排放数据的源头上。除此之外，碳市场与其他机制的衔接方面缺乏明确的规定，这也可能导致在核算实践中出现不同的处理方式，从而影响碳排放数据质量。例如，水泥熟料和电解铝行业核算标准的征求意见稿中曾提出，可以不计算绿电的碳排放，但并未规定用何种方法认定合格的绿电以及如何避免可再生能源环境权益的重复使用。

（2）配额分配方案制订难度较大

如何制订行业的配额分配方案也是支撑行业纳入碳市场的重要因素之一，但目前其他行业的配额分配方案还面临着不少难点。尤其是电解铝、水泥、钢铁等工业行业，其工艺流程相较发电行业更加复杂，制订配额分配方案时需要更多的数据支持。这些行业当前积累的碳排放数据还不足以支撑确定合理的行业基准值。选择基准值需要基于行业实际的碳排放数据和生产数据，这些数据需要通过企业填报的补充数据表进行收集。2021年，国家发布的《2020年度温室气体排放报告补充数据表》对多个行业的填报要求进行了重要修订，这些修订为行业基准值的制定带来了实质性变动，使得此前收集的数据不能为行业基准值的制定提供充分的数据支撑。除此之外，由于其他行业的履约边界与法人边界可能存在较大差异，且部分行业涉及按工序分配配额，这对企业内部分级计量有了更高的要求。同时，在核查时，企业内部不同工序的数据通常缺乏独立的交叉核对材料，存在造假的空间。因此，此前通过补充数据表收集的数据质量难以评估，这也影响了行业基准值的确定。尤其是今年，主管部门已经下调了全国电网排放因子，将其从0.6101吨二氧化碳/兆瓦时更新为0.5810吨二氧化碳/兆瓦时。这一调整将对配额分配产生一定的影响，特别是对于除发电以外的行业，因为在确定基准值时需要考虑全国电网排放因子的下降。如果未考虑此因素，将导致配额过量发放，不能达到激励和约束企业减排的目的。

（3）统筹疫情防控和经济发展

2022年6月8日，生态环境部办公厅印发《关于高效统筹疫情防控和经济社会发展调整2022年企业温室气体排放报告管理相关重点工作任务的通知》（环办气候函〔2022〕229号）。通知将温室气体排放核查工作的完成时限从6月底延长至9月底，并将燃煤元素碳含量缺省值从0.03356吨碳/吉焦调整为0.03085吨碳/吉焦，下调了8.1%。这一举措旨在缓解当前经济形势下发电企业的压力。纳入碳市场会给其他行业带来额外的管理成本和履约成本，为了保持经济增长的稳定情况，推迟扩容也具有其合理性。

3.3.2.2　交易主体与产品亟须增加

通过逐步推进的方式，全国碳市场将逐步引入机构和个人投资者，以及金融机构（如银行、基金、证券等），从而实现全国碳排放交易市场主体多元化，不断扩大市场的覆盖面、提升市场的流动性和有效性。此外，全国碳市场将探索多种交易产品和机制，以促进碳市场实现价格发现功能，提高市场流动性。同时，全国碳市场将促进金融市场与碳市场的合作和联动发展，创新以碳排放权为基础的各种场内和场外衍生产品，为交易主体提供多元化的风险管理工具，充分发挥碳排放权融资功能，满足交易主体多样化的融资需求。然而，中国碳金融的发展还存在以下不足：

（1）碳金融市场法律体系不健全

完善的碳金融法规政策可以保证所有参与方公平有序地加入碳金融市场，改善市场环境并确保市场稳定运行。然而，目前的碳金融法律体系还不够完备，许多投资者对碳金融市场持有谨慎态度，限制了市场的发展。缺乏国家层面的立法，使得碳排放配额分配法律地位不高，从而限制了碳金融市场的活跃度。碳交易过程中也缺乏有效的法律保障。虽然《中华人民共和国民法典》规定了履行合同应符合绿色原则，但并未具体规定如何在碳金融市场上通过减少碳排放来体现绿色原则。在交易双方发生纠纷时，法官可能会遇到没有对应法条解决问题的困境。另外，碳金融监管法律制度不完善也是一个问题。投资者希望能够在风险与收益中平衡，缺乏监管会导致碳金融市场环境混杂，投资对象良莠不齐，从而增加投资者的投资风险。在碳金融融资方面，信息披露机制也存在不完善的情况。一些企业以涉及商业秘密为由，不履行信息披露义务或虚假披露信息，导致交易双方信息不对称。此外，由于国内碳金融案件数量较少，碳金融司法实践方面也存在一定挑战，没有足够的案件经验参考，需要法官自身对具体案情进行独立思考，并作出公正的裁判。

（2）碳金融融资困难导致市场效率低下

目前国内的能源仍以石油、天然气等不可再生资源为主要消耗对象，而"双碳"目标的核心是淘汰落后的生产方式，以此控制温室气体排放，降低环境污染。然而，由于缺乏足够的资金和技术支持，企业要想在短时间内实现产业结构的优化和资源配置效率的提高，存在许多难以克服的困难。我国金融机构正在尝试碳金融产品和服务模式上的创新，但仍存在创新程度与碳金融市场需求之间的差距。清洁能源产业的前期投入巨大、科技依赖性高、投资回报周期长、投资风险高，这些特点限制了碳金融市场的资金流入。碳金融产品的交易和投资融资活动对提升碳金融市场的流动性至关重要，如何为碳金融产品提供新的发现路径和资金渠道，吸引更多的资金支持国家碳减排事业，这对国家实现"双碳"目标有着至关重要的意义。

（3）碳金融产品创新力度不足

绿色产业种类十分多样，为实现对绿色产业的全覆盖，碳金融市场必须不断创新碳金融产品以满足市场需求。然而，我国碳金融市场建设及金融机构创新力不足，导致碳金融产品相对单一。虽然碳基金、碳债券、碳排放权抵押质押贷款和碳保险等产品已经存在于我国碳金融市场，但发行数量不足，交易金额较小，仍处于零星试点阶段。此外，碳金融产品的共性与个性在探索过程中被忽略，导致已发行的产品呈现各自独立的状态，缺乏有益的相互促进机制。在碳交易方式方面，目前国内仅通过现货交易碳排放权，期货和期权交易方式尚未形成，单一的交易方式同样制约着碳金融市场的发展。

（4）碳金融行业人才队伍匮乏

作为一种新兴行业，碳金融行业需要一批既懂环境保护又懂金融知识的复合型人才支撑其发展。目前，对现有人才进行专业培训来满足碳金融市场需求存在滞后性，无法及时适应碳金融市场的变化。因此，需要加强对碳金融领域人才的培养和引进，提高人才整体素质和专业水平，为碳金融市场的长期发展提供人才保障。

碳金融市场的发展需要科技的革新和制度的创新，是一个系统性工程。我国碳金融的发展相对落后，尚未形成成熟的体系。如果不吸收国际碳金融市场发展的先进经验，只是闭门造车，就会阻碍我国碳金融市场的发展。因此，将国内碳金融市场与国际碳金融市场接轨，学习国际碳金融市场的先进理念，借鉴国际优秀做法，结合我国的基本国情，走出一条具有中国特色的碳金融之路，不仅能够加快我国实现"双碳"目标的进程，而且能够提升我国在气候变化领域的国际地位。

3.4 自愿碳市场

自愿减排交易是指个人或企业在无外部压力的情况下，主动从自愿减排交易市场购买碳减排指标，以中和其生产经营过程中产生的碳排放行为。我国的温室气体自愿减排交易制度是参考了国际清洁发展机制（CDM）项目管理经验，旨在管理和促进国内的温室气体自愿减排项目备案及交易。自 2012 年以来，我国陆续颁布了《温室气体自愿减排交易管理暂行办法》等一系列文件，对自愿减排交易进行统一的备案管理，并建立了国家温室气体自愿减排交易注册登记系统，以实现核验自愿减排量在全国范围内的交易。

2017 年 3 月，为贯彻落实党中央和国务院关于推进"放管服"改革的要求，并解决温室气体自愿减排交易存在的交易量小和个别项目不规范等问题，主管部门暂缓受理温室气体自愿减排交易备案申请。然而，这并不影响已备案的温室气体自愿减排项目和减排量在国家注册登记系统中的登记，也不会影响已备案的 CCER 参与交易。之后，由于国家机构改革和应对气候变化工作职能转移等因素，温室气体自愿减排交易机制的重启将面临许多不确定性。

自 2020 年以来，国际和国内的碳减排形势发生了重大变化，推动了国家温室气体自愿减排交易机制的重启。首先，中共中央、国务院在 2021 年 9 月发布了《关于完整准确全面贯彻新发展理念做好碳达峰碳中和工作的意见》，提出了实现"双碳"目标的双轮驱动原则，强调政府和市场两手发力，发挥市场机制作用。其次，生态环境部于 2020 年 12 月出台《碳排放权交易管理办法（试行）》，规定重点排放单位可使用CCER抵消碳排放配额清缴。最后，国际民航组织于2020年3月认可CCER纳入国际航空碳抵消与减排计划（CORSIA）的合格抵消指标体系。在这种情况下，国家温室气体自愿减排交易机制面临制度转型升级和加速重启的关键时期。它将在实现国家"双碳"目标、保障全国碳排放权交易市场的履约抵消和CORSIA减排抵消等方面发挥积极作用。当前，中国国家温室气体自愿减排交易机制的重启备受社会各界关注。主管部门已表示将按照循序渐进等原则，加快建设并完善CCER机制。

3.4.1　CCER市场的运行情况

3.4.1.1　项目开发

由于《温室气体自愿减排交易管理暂行办法》在实行中出现温室气体自愿减排交易量小、个别项目不够规范等问题，国家发改委于2017年3月发布公告暂缓受理CCER项目备案申请，导致CCER市场活跃度下降。直到2018年5月，国家气候战略中心宣布恢复上线运行CCER注册登记系统，并开始受理CCER交易注册登记业务，存量CCER交易得以重启。但由于修订版《温室气体自愿减排交易管理暂行办法》仍未出台，导致CCER增量项目备案申请仍处于停滞状态。

截至2017年4月，中国共有2 874个自愿减排项目。按照开发阶段划分，审定阶段项目数为1 861个，备案项目数为677个，监测报告项目数为57个，减排量备案项目数为289个。按照项目类型划分，风电类项目最多，占34%，其次是太阳能发电项目占17%，农村沼气项目占14%，光伏发电项目占12%。垃圾处理、水力、生物质和天然气发电以及林业碳汇项目数量占比均在5%以下[1]。

根据图3-3的中国核证自愿减排项目减排量分布情况，这些项目的预计年均减排量为3.1亿吨，而实际已签发的减排量为6 577万吨。风力和水力发电项目的每年预计减排量分别为1.2亿吨和0.4亿吨，太阳能发电、天然气发电和农村沼气项目的预计减排量约为0.2亿吨。已经签发的减排量主要集中在水力发电、风力发电、农

黄锦鹏，齐绍洲. 构建我国多层级碳市场体系的思考 [J]. 电力决策与舆情参考，2021（4）.

村沼气和天然气发电等项目，其他项目签发量较少。

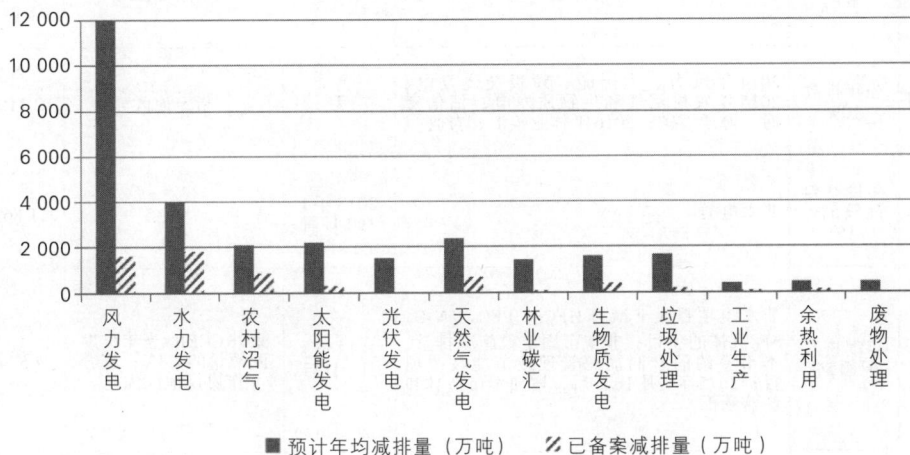

图3-3　中国核证自愿减排项目减排量分布

数据来源：各试点交易所官方网站，经整理计算所得。

3.4.1.2　CCER抵消

在企业履约时，可以选择购买配额或一定量的CCER。但由于不同项目类型、区域和产生时间等条件的差异，不是所有的CCER都可以用于抵消。每年各试点碳市场都会发布相关的抵消政策（见表3-5），试点碳市场的抵消规则主要以企业排放量和初始配额分配量为基准，且不得超过一定比例。而从项目类型来看，2014年深圳和湖北碳市场的部分风电和水电项目可以用于抵消，但从2015年开始，以上两类项目所产生的减排量不再用于抵消，可抵消的项目均偏向于农林类项目；试点项目的CCER抵消政策会受区域限制，有些试点碳市场只允许来自本省市或与其合作省市的项目参与抵消，如湖北要求项目来自贫困地区。试点没有公布每年实际抵消量，但实际抵消量通常远低于规定的抵消比例。在全国碳市场第一个履约周期，规定了CCER抵消比例不得超过企业应清缴的碳排放配额的5%，且这些CCER不得来自纳入全国碳市场配额管理的减排项目。

表3-5 CCER在各试点碳市场的抵消条件和交易情况

试点地区	抵消量限制	项目类型	项目计入期	项目所在区域	累计交易总量（万吨）
深圳	当年排放10%	2014年风力、太阳能、垃圾焚烧发电；2015年农村沼气和生物质发电；清洁交通、海洋固碳；2016年林业碳汇、农业	无	指定地区	2 119
上海	年度基础配额5%、1%	非水电类	2013年1月1日后	无	11 862
北京	年度核发配额5%	非水电项目及非减排HFCs、PFCs、N₂O、SF6气体的项目；非本市固定设施减排量；本市签约的合同能源管理或节能技改项目；2015年2月16日后，增加本市造林和经营碳汇	2013年1月1日后	京外CCER≤当年核发配额量的2.3%；有合作协议地区优先	2 574
广东	不超过年度实际碳排放量10%	2016—2018年在广州碳交所交易；来自二氧化碳、甲烷减排项目；非来自水电、使用煤、油和天然气等化石能源的发电、供热和余能利用项目。其中，2017年开始使用省级碳普惠核证减排量；非来自在联合国注册前产生减排量的CDM	无	70%以上来自本省，非来自国家试点省市	5 885
天津	当年实际排放量10%	非水电；仅来自二氧化碳气体项目；2019年新增本市林业碳汇	2013年1月1日后	京津冀地区优先，至少50%来自该地区（2019年）	3 021
湖北	年度初始配额10%	2015年非大、中型水电；已备案减排量100%抵消，未备案项目不高于有效计入期减排量60%	2013年1月1日至2015年5月31日	有合作协议的省市，不超过5万吨	798
		2016年农村沼气、林业类	2015年	本省连片特困地区	
		2017—2018年农村沼气、林业类	2013—2015年	长江中游城市群（湖北）区域贫困县	
		2019年农村沼气、林业类	2013年1月1日后	湖北省贫困县	
重庆	排放量8%	非水电；节约能源和提高能效；清洁能源和非水可再生能源；碳汇；能源、工业生产、农业、废物处理等领域	2010年12月31日后投产（非碳汇）	无	49

注：上海2013—2015年为5%，之后年份为1%。

数据来源：各试点交易所官方网站。

3.4.1.3 CCER 交易

通过国家 CCER 注册登记，国家主管部门颁发的 CCER 将直接发放到项目业主的账户中，业主可以选择将其划入某个试点碳市场的交易系统中并进行交易。目前，七个试点的累计交易量已达 2.6 亿吨。在试点阶段，由于市场供应量大于需求量，CCER 价格通常低于配额价格。此外，由于可用于抵消的 CCER 因项目类型和开发流程的不同而存在差异，不同项目的 CCER 价格也不同。但随着 2021 年全国碳市场的推出，除来自纳入全国碳市场配额管理的减排项目外，各种类型的 CCER 都可以用于抵消，市场需求剧增，CCER 交易量在 2021 年突破了 1 亿吨；交易价格也有了较大提升，2021 年全国碳市场履约期 CCER 的交易价格普遍接近配额价格。

目前，共有 9 家备案交易机构针对 CCER 二级市场交易制定了相关管理规则。交易主体包括项目业主、重点排放单位、投资机构和一般企业等，但尚未对个人开放。虽然全国和地方碳市场纳入的重点排放单位总量达到 5 000 多家，但参与交易的仅为其中的一小部分。交易产品以现货交易为主，交易方式包括公开交易（挂牌）和协议（大宗）交易等，不同交易机构对协议转让的规定有所不同。出于风险控制考虑，交易机构均出台了以涨跌幅限制为主的价格管理措施（见表 3-6）。据统计，截至 2021 年 8 月，全国累计成交 CCER 现货量约 3.2 亿吨，成交额约 27.8 亿元，平均价格为 8.6 元/吨。其中，上海、广东两地成交量合计占比 50%。根据月度成交统计，除个别月份的成交量在 1 000 万吨以上或 200 万吨以下，以及成交均价超过 20 元/吨或低于 5 元/吨外，成交量和价格总体趋势较为平稳[①]。此外，一些地方还尝试推出了远期交易、回购、碳债券等业务，交易规模达到千万吨以上。从交易情况来看，CCER 现货交易市场在 2018 年前后受到暂缓备案的影响，交易量较为低迷，而在 2019 年后逐渐恢复活跃。分析其主要原因，一是随着地方碳市场深化发展，配额总体呈现收紧趋势，加之全国碳市场的启动，重点排放单位对抵消履约

---

① 刘海燕，于胜民，李明珠. 中国国家温室气体自愿减排交易机制优化途径初探 [J]. 中国环境管理，2022，14（5）：22-27.

的需求增加；二是在国家提出"双碳"目标后，社会各界对于利用CCER实现公益碳中和的需求升温。

表3-6　　　　各地方交易机构对CCER交易方式及价格管理要求

地方	交易方式	涨跌幅限制
北京	公开交易	20%
	协议转让	无
上海	挂牌交易	10%
	协议转让	无
天津	拍卖交易（挂牌）	10%
	协议交易	10%
四川	公开交易	10%
	大宗交易	30%
	电子竞价	无
重庆	定价申报	10%
	成交申报	30%
湖北	协商议价转让	10%
	公开转让	30%
	协议转让	30%
福建	挂牌点选	10%
	协议转让	30%
	单向竞价、定价转让	无
广东	挂牌点选	10%
	协议转让	无
深圳	挂牌交易	有最低限价
	大宗交易	无

数据来源：根据各交易所官方网站公开的交易规则整理。

3.4.2　CCER市场面临的挑战

我国温室气体自愿减排交易机制在推动低碳发展、树立全社会低碳意识等方面确实取得了积极进展，但也面临一系列新形势下的挑战。

3.4.2.1　制度设计

在国家"放管服"改革新形势下，行政管理更加强调主管部门权责法定、依法行政。现阶段我国应对气候变化以及碳排放交易管理立法均在推进过程中，温室气体自愿减排交易机制的定位和作用仍无法得到法律保障。同时，《温室气体自愿减排交易管理暂行办法》正在修订，原有核心备案机制因涉及行政审批需要改革，为重启后减排量认定的科学性和严肃性带来一定挑战。我国温室气体自愿减排项目备案管理以借鉴国际CDM项目管理经验为主，在方法学、项目类型、项目额外性要求等方面也需要结合实际进行更新和重新评估，以适应国家新的形势发展。

在国家"放管服"改革新形势下，行政管理更加强调主管部门权责法定、依法行政，推进规范化、制度化管理。目前，我国应对气候变化以及碳排放交易管理立法仍在发展中，温室气体自愿减排交易机制的定位和作用仍无法得到法律保障。另外，《温室气体自愿减排交易管理暂行办法》需要修订，原有核心备案机制需要改革以适应行政审批的要求，这为重启后减排量认定的科学性和严谨性带来了挑战。我国管理温室气体自愿减排项目主要借鉴国际CDM项目管理的经验，因此需要根据国家的新发展形势更新和重新评估方法学、项目类型以及额外项目性要求。

3.4.2.2　系统支撑

目前，国家温室气体自愿减排注册登记系统的功能设计是以满足地方碳市场抵消履约为主的，但由于国家和地方碳市场政策设计及业务管理有所不同，其已无法满足全国碳市场履约和国际航空业碳减排抵消的新要求。因此，我们需要全面提升和系统改造该系统，以实现合格CCER项目的识别、促进国际用户的跨境交易，以及实现主管部门的履约抵消监管。此外，我们还需要进一步加强数据分析、监测预警、信息披露和征信对接等管理功能。同时，现有系统的CCER管理流程主要集中在登记签发和抵消注销环节，无法实现自愿减排项目全流程的精细化和数字化管理。

3.4.2.3 交易市场

CCER交易市场目前存在一些问题：首先，由于前期地方试点配额宽松和准入限制等原因，市场需求一度有限。然而，自相关备案申请暂缓受理以来，由于供应中断、试点配额同步收紧、参与全国碳市场履约抵消和社会公益碳中和需求增加等因素，市场总体已面临严重供应不足。据保守估计，全国及地方碳市场年度履约抵消的理论需求量超过2亿吨。其次，由于业务规模较小、价值评估和风险管理复杂等原因，CCER金融业务仍处于起步阶段，各方参与度较低。最后，现有九个地方交易所在交易主体、交易产品、交易方式、交易价格等方面存在的管理差别，加大了全国CCER交易市场的差别和分裂。

3.4.2.4 保障机制

为了使温室气体自愿减排交易机制能够运行良好，需要全面的支持和保障，包括管理机构、平台运维、参与方的能力建设以及基础科研投入等方面。然而，目前仍存在一些挑战，如资金支持严重不足、注册登记系统不完善、参与方能力建设缺乏等。尤其是在气候变化应对职能转移后，国家温室气体自愿减排交易省级管理人员发生变化，迫切需要进行持续性、系统性的管理培训。此外，温室气体自愿减排交易机制领域的重要、基础性研究投入仍然不足。因此，我们需要在多个方面进行支持和改进，以确保温室气体自愿减排交易机制能够顺利运行。

3.5 碳普惠市场

习近平总书记在2020年12月12日的气候雄心峰会上提出了实现双碳目标的宏伟减排计划，即在2030年前实现碳达峰，在2060年前实现碳中和。为了实现这个目标，需要采取科学高效的政策工具。联合国环境规划署于2020年12月14日发布的《2020年排放差距报告》指出，要采取更强有力的气候行动，需要改变私营部门和个人消费行为，如果采用基于消费的温室气体排放核算法计算，全球约有 2/3 的碳排放都与家庭排放有关。因此要实现上述目标，就必须向家庭和个人普及节能减碳观念，将减排行动扩展到消费端。

碳普惠市场较好地满足了这种需求，它通过量化的方法对微观部门，如小微企业、家庭、个人的减少碳排放行为进行具体的核算，并通过各种形式的积分制度赋予其减排行为一定的价值，从而建立起一个由商户支持、政府主导，并经过相应方法学核证的与减排量交易相结合的微观减碳体系。碳普惠量可以作为"碳信用"纳入个人信用体系，也可以作为碳减排量进入特定的碳市场（如广东和湖北试点碳市场）进行交易并获得收益。碳普惠市场对于微观领域的减排减碳行为确实发挥了积极作用。

碳普惠市场与碳市场机制相互补充、相互衔接，进一步构建了包含宏观领域和微观领域的碳减排体系，并使得节能减排成为一场真正的"人民战争"。这是我国建设美丽中国，实现2030年前"碳达峰"，2060年前"碳中和"伟大目标的重要路径。

3.5.1 我国碳普惠市场政策现状

3.5.1.1 中央层面政策

目前，我国的碳普惠市场处于初级探索的阶段。然而，中央部委已经出台了相关政策，明确了碳普惠工作的步骤、功能和意义。例如，2014年，国家发展和改革委员会发布的《关于开展低碳社区试点工作的通知》；2018年12月，国家发展和改革委员会等九个部委联合发布的《建立市场化、多元化生态保护补偿机制行动计划》；2019年2月，中共中央、国务院印发的《粤港澳大湾区发展规划纲要》等文件。这些政策文件为我国建立碳普惠市场提供了指导和借鉴。这些政策对地方碳普惠试点工作取得的成果进行了肯定。

3.5.1.2 地方层面的政策

各地方省市已经开始程度与进度不一的推广和试点碳普惠市场，其中广东省在

2015年7月印发《广东省碳普惠制试点工作实施方案》(以下简称《实施方案》)和《广东省碳普惠制试点建设指南》(以下简称《指南》),是国内碳普惠市场探索的开创者。2019年9月,江西省第十三届人民代表大会常务委员会第十五次会议通过的《江西省生态文明建设促进条例》,首次在地方性法规的层面上提出了"探索建立碳普惠机制"的要求,并于2020年1月1日起正式实施。此外,《深圳经济特区绿色金融条例》尽管尚未实施,但其较为完善地明确了碳普惠市场的运营和完善主体。该条例第二十九条规定"支持深圳排放权交易机构运营管理碳普惠统一平台",第五十五条规定"市人民政府应当完善碳普惠市场"。同时,该条例还在附则部分对碳普惠的含义进行了界定。2023年6月2日,武汉碳普惠管理有限公司揭牌,武汉碳普惠综合服务平台公测版正式上线。2023年8月18日,武汉市生态环境局正式印发《武汉市碳普惠管理办法(试行)》。截至2022年年底,碳普惠市场已包含北京、江西、河北等13个省份,碳普惠市场在国内逐渐得到推广和实践。

3.5.2 我国碳普惠市场运行情况

目前,我国碳普惠实施模式主要分为政府主导型和企业主导型两种,具体取决于平台搭建主体。广东推行的碳普惠市场是政府主导型的典型,也是实践经验较丰富,时间最早的碳普惠市场;阿里巴巴集团在"支付宝"平台推出的"蚂蚁森林"项目就是企业主导型的代表。

3.5.2.1 广东省碳普惠实践《实施方案》和《指南》,为广东省碳普惠市场提供了主要框架

《实施方案》提出了碳普惠制"三步走"计划:2015年,在若干地市、县(市、区)开展首批碳普惠试点工作;2018年,在第一步实施成果的基础上总结经验,初步建立全省碳普惠市场;2020年,在不断完善碳普惠机制的基础上为全国自愿低碳工作提供积极经验。2016年,广东省在六个地区进行了首批碳普惠试点,试点时间为3年。两个政策文件的出台提供了广东省碳普惠市场的法律和政策基础。

从政府角度来看，广东省的碳普惠试点工作主要由省级和试点市两级政府协同完成。在省级层面，由省发展和改革委员会等省政府直属部门担任实施主体，制定碳普惠市场的总体试点框架和运行规范，并制定规范核证减排量管理和交易制度的文件，为广东省碳普惠市场的建设、减排量核证（PHCER）方法的开发、交易和管理提供法律依据。此外，相关机构还建立了包括网站、APP、微信公众号等多种形式的宣传推广媒介，形成了广东省碳普惠市场的减碳行为量化核证体系和碳币回笼体系，并建立了商业支持体系，以促进碳普惠市场的发展。

在各试点市，《实施方案》明确除了开展碳普惠制试点和宣传推广工作外，还需要开展减碳行为的量化核证工作。各试点市可以依据省发展和改革委员会以及省直部门出台的有关于绿色减碳行为的量化核算指导文件，进行本地区的核算方法和核证方法的组织开发工作。但是，需要向省发展和改革委员会提交审核批准。一旦备案成功，这些方法学就可以成为省级碳普惠方法学。

在企业层面，商家主要负责提供"碳币"以及组织优惠活动。通过举办活动，碳币可以作为一种积分或优惠券形式，用于兑换商品或服务的优惠。与一般促销活动相比，碳普惠优惠活动的力度要更大，以此来促进居民的低碳行为并得到正向反馈。各地的低碳联盟和优惠活动信息会在网站、APP、微信公众号等平台上发布，同时这些平台也具备了"碳币"兑换功能，碳币可以通过此项机制进行回收。

企业也可以因举办活动获得利益。企业通过提供优惠收集的碳币，将其按照一定的方法量化折算成为减碳量，这些经过方法学核证的减排量可以在碳排放交易市场上出售从而获利。对于居民个人，广东省《指南》针对日常生活、出行、旅游和消费四个方面的低碳行为，制定了相应的减排量核算规则和正向反馈机制。只要居民的低碳行为符合《指南》认可的范围，就可以在平台上兑换碳币，并用碳币换取现金券、打折券或商品等物品。

总体来说，以广东省为代表的政府主导碳普惠模式的特点是：政府负责平台搭建、体系建构和规则设计；以碳币为核心，通过政府提供的核算方法实现个人和企业低碳行为的闭环和节能减排贡献的量化核算，实现企业和个人共同获益；通过低碳行为获得的收益可以在碳排放交易市场上卖出，碳普惠市场与碳排放交易制度可以在此框架下实现对接以及碳币流通的闭环，形成商业支持体系。这种碳普惠机制使得低碳行为更具普及性，促进了绿色低碳观念的推广，也为实现国家的碳达峰和碳中和目标提供了一种可行的途径。

3.5.2.2 "蚂蚁森林"项目

阿里巴巴集团在2016年推出了"蚂蚁森林"项目，这一项目通过用户采取的低碳行为如步行出行、骑共享单车所节省的碳排放量来培养虚拟的"绿色能量"，这些能量可以用来种植虚拟空间"蚂蚁森林"中的树木。当虚拟空间中的树木生长到一定的阶段，蚂蚁金服将代表用户在真实的沙漠或湿地等地方种植树木。此外，参与者还可以对一定面积的保护地进行保护，以此获得正向反馈和激励。

以"蚂蚁森林"为代表的企业主导碳普惠模式的特点是：在平台外部，企业与相关环保基金会或公益组织合作，代表用户进行种植活动；在平台内部，以游戏为载体，以用户"种下属于自己的树"和"认养保护地"等方式作为激励机制，具有娱乐趣味性。然而，相比政府主导模式，企业主导模式不涉及实物奖励，也没有与碳排放交易机制进行对接。

3.5.2.3 其他碳普惠机制

除了广东省推行的碳普惠市场和"蚂蚁森林"，我国各地目前还存在许多其他形式的碳普惠市场，如武汉的"碳宝包"、深圳的"碳账户"、南京的绿色出行和北京的"每周再少开一天车活动"等。这些制度的基本思路是将用户的特定低碳行为经认证后转换为相应的积分或碳币，用户可以使用这些积分或碳币来兑换相应的物品，从而激励居民和小微企业采取低碳行为，达到鼓励绿色生活方式的目的。

本章习题

1.根据碳交易覆盖行业的分类特点，阐述湖北碳市场是如何根据自身独有经济特色进行试点机制建设。

2.简述 CCER 在各试点碳市场的抵消条件和交易特点，并总结 CCER 项目申请的主要流程。

3.我国提出"双碳"目标以后，因大国博弈和经济下行等原因，社会上对"双碳"的关注度有所下降。因此，有些人开始怀疑"双碳"目标和行动是不是遇冷了。请结合"双碳"目标提出的历史背景及"双碳"对中国的意义，提出自己对这种观点的看法。

第4章 温室气体排放监测、报告与核查

MRV 包括监测（Monitoring）、报告（Reporting）和核查（Verification），是量化碳排放数据、提交排放结果、核实数据真实性的过程。科学完善的 MRV 体系是碳交易体系的核心部分，是助力管理部门出台区域低碳宏观决策的数据基础，也是推动企业生产经营低碳转型的重要工具。

4.1 MRV 体系发展背景

MRV 体系源自《联合国气候变化框架公约》（United Nations Framework Convention on Climate Change）第十三次缔约方大会形成的《巴厘岛行动计划》中对于发达国家支持发展中国家减缓气候变化的国家行动达到可监测、可报告、可核查的要求。重要时间节点包括：

1992年，联合国大会通过并在同年签署了《联合国气候变化框架公约》，其目的是根据"共同但有区别"原则，要求发达国家和发展中国家共同履行减缓和适应气候变化的责任和义务，同时要求缔约方定期提交、更新、披露国家履约信息通报（National Communications），这通常被视为 MRV 体系发展的初步形态。

1997年，《联合国气候变化框架公约》第三次缔约方会议在日本东京召开，各国签署了《京都议定书》，确定了缔约方中发达国家（工业化国家）在 2008—2012年的减排指标，要求发达工业化国家在 1990年排放量的基础上减少5%的温室气体

排放量，该减少量应当以可核查的方式公开报告，并根据相关条款进行核查，表明国际社会对 MRV 机制重要性的认可。

2007 年，《联合国气候变化框架公约》第十三次缔约方会议在印度尼西亚的巴厘岛召开，本次会议通过了里程碑式的"巴厘岛路线图"，明确要求各缔约国应对气候变化活动要符合"可测量、可报告、可核查"原则，MRV 机制自此基本形成。

2015 年，《联合国气候变化框架公约》第二十一次缔约方会议在巴黎召开，会议通过的《巴黎协定》，旨在大幅度减少全球温室气体排放，将本世纪全球气温升幅限制在 2℃ 以内，同时寻求将气温升幅进一步限制在 1.5℃ 以内的措施。

从 MRV 在国际谈判中的发展进程可以看出，一个公开、公正、公平的 MRV 体系正在成为未来共同应对气候变化和不断增进国际信任的重要环节，该体系既要满足气候变化解决方案的要求，又要涵盖因政治经济体制差异、国家发展阶段和目标不同而形成的多种政策和行动。

在国家层面 MRV 实践中，欧洲联盟（EU）作为全球温室气体排放减排的排头兵，已经在这方面取得了一系列重要成就。2004 年 1 月，欧盟通过了《关于制定温室气体排放监测与报告》（Directive 2004/156/EC）的指令，并在随后几年的探索中积累了初步的经验。并于 2007 年 7 月通过了《温室气体的监测和报告准则》（Directive 2007/589/EC），进一步详细规范了监测方法、质量控制程序，并确立了第三方核查制度，这一准则为欧盟成员方在温室气体排放监测与报告方面提供了明确指导，很大程度上推动了温室气体排放数据的准确性和可比性。

为了进一步统一欧盟各成员方的温室气体排放核算方法，2012 年 6 月，欧盟委员会颁发了《关于监测和报告温室气体排放的条例》（EU 601/2012（MRG 2012））。这一条例为欧盟成员方提供了更加统一的温室气体排放核算框架，提升了数据的可靠性和准确性，为欧盟的温室气体排放监测与报告体系奠定了坚实的基础。

与此同时，作为全球最大的发展中国家，中国也在采取积极的措施来减缓温室气体排放。2021 年，中国生态环境部办公厅起草并出台了《碳排放权交易管理暂行办法（试行）》，并逐步建立和完善温室气体排放的测量、报告和核查（MRV）机制，这将有助于提升碳市场的透明度、可靠性和有效性，为加快全国性碳市场建设奠定坚实基础，推动中国在应对气候变化方面取得更加积极的贡献。

4.2 MRV 系统的定义

MRV 体系在碳市场中的重要性不可忽视。它是构建碳市场环境的关键环节，为企业对其内部碳排放水平和管理体系进行系统摸底盘查提供了重要依据。通过 MRV 体系，政府和监管机构可获得经准确测量、报告和核查的温室气体排放数据，为碳交易主管部门制定相关政策和法规提供技术支持，为碳配额的分配和管理提供可靠依据，从而帮助其更好地管理碳市场和实现碳减排目标。同时，通过 MRV 体系，企业可以全面了解自身的碳排放情况、碳资产情况，及时发现管理漏洞，合理规划和管理碳减排措施并挖掘自身减排潜力，以提高碳资产的价值和可持续性，从而实现低碳转型和可持续发展。

4.2.1 监测（Monitoring）

MRV 系统中的监测是指运营商（企业）根据标准化的指南及核算方法学，统计并核算碳排放数据，以保证数据的准确性和科学性。监测的目的是收集准确可靠的排放源数据、减排活动数据和其他相关项目信息，用于量化减排量，验证项目是否符合 MRV 体系要求。监测方法可以根据碳市场项目的类型、测量的排放范围以及 MRV 系统的具体要求而产生变化。

4.2.1.1 监测的方法类型

有多种方法可用于监测碳市场项目中的温室气体排放，包括直接测量、遥感和建模。

（1）直接测量

直接测量涉及使用仪器和传感器直接测量项目活动的排放，如燃烧过程、工业过程或农业活动的排放。直接测量可以实时进行，也可以通过排放数据的定期采样和分析进行。直接测量方法的示例包括用于测量固定源排放的连续排放监测系统（CEMS），以及用于测量移动源排放的便携式分析仪。

（2）遥感

遥感涉及使用卫星或其他遥感技术来间接估算项目活动的排放量。遥感可以提供一种经济高效的方式来监测大面积或难以到达的地点的排放。遥感方法的例子包括用于测量大气中温室气体浓度的基于卫星的传感器，以及用于检测工业设施排放泄漏的红外摄像机。

（3）建模

建模涉及使用基于计算机的模型，根据活动数据和排放因子等输入数据模拟项目活动的排放。建模可用于估算复杂过程的排放量或预测不同情景下的未来排放量。建模方法的例子包括用于估算农业活动排放量的基于过程的模型，以及用于预测能源生产和消费排放量的部门模型。

4.2.1.2　监测阶段的挑战和问题

碳市场项目的监测将面临各种挑战和问题，其中可能包括成本、准确性和技术限制。

（1）成本

监测可能成本高昂，特别是对于小型项目或资源有限的发展中国家的项目。监控成本可能包括购买和维护监控设备、数据收集和分析以及报告。监测成本可能成为某些项目的障碍，特别是那些减排水平低或投资于监测基础设施的财政资源有限的项目。

（2）准确性

由于排放源的复杂性和可变性，以及测量误差或不确定性的可能性，准确监测温室气体排放可能具有挑战性。一些项目活动产生的排放，如土地使用和林业产生的排放，由于其空间和时间的可变性，难以准确测量。确保监测数据的准确性对于MRV系统的可信度和完整性至关重要，因为不准确的数据可能导致高估或低估减排量，并导致排放配额分配不当。

（3）技术限制

监测方法可能存在技术限制，如监测设备或数据的可用性有限，以及难以进入偏远或敏感地区。一些监测方法可能还需要专业知识或技术技能来收集、分析和解释数据。技术限制会影响监测数据的可靠性和一致性，可能需要创新解决方案或技术改进来克服。

4.2.2 报告（Reporting）

报告是指运营商在保证碳排放数据准确性和科学性的前提下，达到规定门槛的企业或设施根据碳排放报告规则参与报告工作，它涉及以标准化和透明化的方式汇编和报告排放数据，以确保报告数据的一致性、可比性和可靠性。报告的主要目的是为项目实现的减排量提供清晰准确的说明，并证明符合相关监管或自愿计划设定的减排目标。

4.2.2.1 碳市场报告要求

准确可靠的报告对于碳市场的运作至关重要。它使市场参与者、监管机构和其他利益相关者能够对企业或项目主体声明的减排量有最直观的认识，也能让项目主体清晰了解自身排放情况。碳市场的报告要求通常包括以下要素：

（1）数据收集

碳市场需要收集全面准确的温室气体排放和清除数据。这将涉及在源头测量和监测排放，收集燃料消耗、生产过程和其他相关参数的数据，以及使用批准的方法估算排放或清除。数据收集还可能涉及遥感技术，如基于卫星的监测，以评估土地使用或森林砍伐率的变化。

（2）标准化文档

碳市场需要保存其数据收集方法、假设和计算的详细文件，标准化文档可作为所报告数据准确性和可靠性的证据，并可能接受第三方审计员的验证。文档可能包括数据表、测量协议、清单报告和其他相关记录。

（3）透明度

透明度是碳市场的一项关键原则，碳市场项目需要以透明的方式披露其数据、方法和假设，使信息公开以供审查。透明度还涉及向利益相关者（包括监管机构、买家和投资者）报告项目活动减排或清除目标的进展以及其他相关信息。

4.2.2.2 标准化报告的作用

标准化报告在促进碳市场报告数据的一致性和可比性方面发挥着至关重要的作用。它们为企业或项目主体提供了一种结构化的方法和指南，供其在收集、记录和报告数据时遵循，确保报告的信息透明、准确和可靠。以下是标准化报告框架作用的一些关键意义：

（1）一致性

标准化报告框架为测量、报告和核实温室气体排放和清除提供了一致的方法。这些框架规定了企业必须遵守的核算方法和计量原则，确保报告的数据在不同项目和部门之间保持一致，这种一致性对比较不同项目的效益和影响、评估它们是否符合监管要求，以及作出有关碳资产的购买或投资决策至关重要。

（2）可比性

标准化的报告框架使不同项目类型、地区和时间段的报告数据具有可比性。这些框架提供了用于报告排放量或减排量的通用指标和单位，从而可以进行有意义的比较和基准测试。这种可比性对于评估项目的排放量或减排效果、确定最佳实施路径以及设定减排目标至关重要。同时，标准化报告还有助于汇总市场层面的数据，这对于碳市场透明度、流动性和权威性至关重要。

（3）可信度

标准化报告通过为数据收集、记录和审核提供高效和快捷的框架模板来提高报告数据的可信度。这些框架要求企业或项目主体按照规定的方法提供准确、可靠的排放量或减排量数据，并接受第三方验证或审计，一定程度上可以防止"漂绿"行为或减排量造假，有助于在利益相关者（包括买家、投资者、监管机构和公众）之间建立信任，以确保碳市场的稳定运行。

（4）指导性

标准化报告框架为项目支持者提供指导和最佳实践，使其在报告排放量和清除量时遵循。这些框架为数据收集、文档和报告提供了详细的方法、工具和模板，可以帮助项目支持者简化他们的报告流程并确保符合法规要求。这些框架还为解决与报告相关的具体挑战或问题提供了指导，如数据质量、验证和及时性，帮助项目支持者克服这些挑战，并准确、透明地报告他们的数据。

总之，标准化报告为企业或项目主体提供了一种结构化的方法和指导方针，以确保报告的数据透明、准确和可靠。通过使用标准化的报告，可以增强碳市场相关项目温室气体排放量或减排量的完整性和一致性，提升市场利益相关者之间的信任度，并为应对气候变化的战略目标作出贡献。

4.2.2.3 报告阶段的挑战和问题

报告方面的挑战一般包括数据质量、主观性和时效性。

数据质量是报告阶段的最大挑战。碳市场的数据通常来自各种生产、经营活动，如生产数据中燃料消耗、电力消耗、生产水平、排放因子等，确保这些数据的准确性、完整性是一个较复杂的系统性工作，因为数据可能来自不同的利益相关者，或受到多种因素的影响，可能源于数据收集、测量和记录中的错误等造成数据准确性降低，从而破坏碳市场整体的完整性和权威性。

另一个挑战是不同核查者或核查公司之间对于核查结果的主观性。核查是一个主观过程，涉及专业判断和对指南的解释，这可能导致不同的报告输出结果。确保核查过程及计算方式方法的合规性对于避免不同核查机构或项目之间的差异或争议以及维护碳市场的公允性至关重要。

报告的时效性是MRV过程中的另一个挑战。报告截止日期可能由监管要求、项目时间表或市场需求设定，未能遵守这些截止日期可能会导致处罚、延误或市场中断。未按时提交报告可能由多种因素引起，如数据收集时间延迟，数据收集、整合及核查过程时间规划不合理，以及不同利益相关者之间的协调不到位，都可能导致报告无法按时提交。

4.2.3 核查（Verification）

核查是指第三方核查机构依据相关指南对碳排放数据的收集和报告工作进行合规性的检查，帮助监管部门最大程度地把控数据的准确性和可靠性，以提升排放报告结果的可信度。监测和报告是核查的基础，核查则是通过找出不符合项和上报过程中出现的纰漏和失误对监测收集的数据和报告中的数据进行检查，以确保温室气体排放数据的准确性和可靠性，为碳市场的健康有序发展保驾护航。

4.2.3.1 核查的重要性

碳核查是碳交易的必要前置工作，有利于全国碳市场的正常运转。在碳市场中，企业可以通过买卖碳排放权进行交易，从而调整其碳配额与实际排放量之间的差异。然而，为了确保交易的可靠性和公正性，需要对企业报告的温室气体排放量或移除量进行独立的验证和审核，即碳核查。通过对企业报告的数据进行核实，可以避免虚假报告、重复申报等情况的发生，维护了碳市场的诚信和稳定。只有经过碳核查的碳配额才能被认可并用于碳交易，从而确保了碳市场的正常运转。

其次，建立统一规范的碳核算体系、摸清碳排放"家底"，是做好碳达峰、碳中和工作的基础。企业碳核查结果是确定企业碳配额的重要依据，是企业每年完成履约的关键环节，企业在碳市场中获得的碳配额数量通常基于其报告的温室气体排放量或减排量。碳核查通过对企业报告的数据进行独立的验证和审核，提升企业报告的温室气体排放量或减排量的准确性和可靠性，这有助于确保企业获得合理的碳配额，避免因错误的报告导致碳配额不足而面临额外的成本或风险。通过建立统一规范的碳核算体系，推进实现对相同产业中各企业碳排放数据的可比性，摸清行业基准线，为双碳的制定和实施提供科学依据。

碳核查结果作为企业碳配额的基础，对于企业参与碳交易、进行碳资产管理和实现碳市场战略具有重要的作用：一是在碳市场中，控排企业可以通过买卖碳排放权来调整其碳配额与实际排放量之间的差异，准确的碳核查结果可以帮助企业合理评估自身的碳资产状况，为企业在碳市场中的交易和运营决策提供有力的支持；二是在推进节能降耗、低碳发展的过程中，企业需要对其温室气体排放量进行准确核算，了解自身的碳排放情况，查找生产排放过程中的管理要点，并制定科学的减排计划和综合管控建立温室气体排放管理体系，从而有效管理重点排放环节的减排；三是作为温室气体排放的主要责任者，通过进行碳核查，企业可以对温室气体排放量进行准确评估，这有助于企业实现绿色发展，减少对环境的不良影响，强化企业社会责任意识，提高企业在社会和投资者角度的声誉和形象。

4.2.3.2　核查阶段的挑战和限制

核查对于确保碳市场中温室气体数据和断言的可信度和完整性至关重要，但它也面临一些挑战和限制。

（1）核算结果精确度不足

在碳核算过程中，排放因子是关键参数，用于计算不同活动产生的温室气体排放量。然而，在实际应用中，排放因子存在问题，如自测值无法进行校核、不同企业在不同地域燃料单位热值含碳量和燃烧充分度差异等，导致结果准确性较低。这使得企业在进行碳核算时面临困境，难以获得精确的排放数据。

（2）碳核算标准边界模糊

碳核算标准涉及多种政策法规且允许多套核算规则并行使用，导致核算边界不一致、数据来源不统一等问题。这为企业操纵数据提供了机会，使得一些企业可以通过合法或非法手段来调整碳核算的结果，从而影响碳排放的评估和报告。

（3）碳核算数据造假

一方面，地方政府可能通过偏离真实值的碳排放统计数据来应对碳排放考核；另一方面，一些企业可能会通过修改碳核算数据降低碳排放量，从而减少配额缺口，减少支出。这些行为都会对碳核算结果的精确性和可靠性带来影响。

（4）机构的核查能力和独立

核查人员需要彻底了解温室气体排放和减排的适用标准、方法和技术等方面知识，需要评估数据的质量和准确性、排放清单的完整性以及对相关标准和方法的遵守情况。特别是对于具有复杂操作、多个排放源或不同数据源的企业或项目，可能具有很大的挑战性。一些第三方核查机构的核查能力有限，无法对企业提交的数据进行全面和深入的核实，从而影响核查结果的准确性。甚至一些第三方核查机构可能面临与企业之间的利益关联或其他利益冲突，从而影响其独立性和客观性。

（5）核查成本

一般来说，核查费用包括核查机构为其服务收取的费用，以及核查过程所需的数据收集、监测和报告费用，成本具体取决于企业或项目的复杂性、核查范围、生产边界以及所需的保证级别，可能是一笔不菲的开销。对一些在发展中国家开展业务或财政能力有限的企业而言，高昂的核查费用可能对其核查进程构成障碍。

4.2.4　MRV各环节之间的关系

可监测、可报告和可核查三者之间关系密切：监测的技术与结果影响了报告信息的准确性和可靠性；监测是依据特定的标准而进行的，相应的，其结果应该具有可核查性；可核查的价值在于保证报告的结果数据相互比较与验证。

从企业角度来说，企业依据相关法规的温室气体排放数据监测是后续进行温室气体排放报告的前提。企业的温室气体排放数据监测和报告又是第三方机构进行核查工作的基础，同时核查工作的开展可以帮助企业完善和改进自身温室气体排放数据的监测和报告。因此，MRV就是数据收集、整理和汇总的实践，这三个方面相互支撑，是相辅相成缺一不可的。

4.3　国际碳市场MRV实践

当前，国内外众多从事碳交易的国家和地区都已经建立了完善的MRV体系，这对于碳市场的发展起到了至关重要的支撑与推动作用。

4.3.1 欧盟的MRV体系

欧盟在实施碳排放贸易政策过程中注重法律法规建设，不仅颁布了欧盟层面的法律指令——《建立欧盟温室气体排放配额交易体系指令》（Directive 2003/87/EC），还制定发布了具有很高法律效力、直接适用于欧盟所有法律主体的一系列条例及配套细则。以欧盟出台的《建立欧盟温室气体排放配额交易体系指令》为例，作为首个公开颁布的指令文件，其要求各成员方确保企业报告按照指令要求进行核查，并明确将由欧盟委员会制定详细的核查条例，并在附件中对核查标准进行了简单规定，包括核查基本原则、核查主要方法等。根据该指令，企业需要在每年结束后核实和整理排放报告所需的数据资料，并按照相关要求完成实际排放量的核算和报告；同时，要求在企业提交初稿后需要经过第三方核查机构的核查，核查完成后出具相关核查意见，若经过核查后发现报告存在问题，企业需要根据核查意见进行修改并重新提交审查，直至报告修改结果满足相关规定要求；第三方核查机构出具的核查意见将和排放报告一同提交至主管部门处进行监督检查和备案。

除上述指令文件外，欧盟还先后出台了《报告核查与核查机构认证条例》（AVR）（Regulation 600/2012）、《制定关于产品销售的认证和市场监督要求以及废止条例（EEC）No.339/93》（Regulation 765/2008），以及《AVR导则》《核查目标及范围》《核查机构的风险分析》等一系列AVR指南文件，对核查基本流程规范、现场核查的技术细节、核查机构的认证与管理，以及指南与现有的国际标准关系等进行了更加详细的规定和要求，最大程度上确保了欧盟碳市场的有效运行。

其中，温室气体排放监测和报告指南（MRR）体系与认证和核查指南（AVR）体系如图4-1所示。

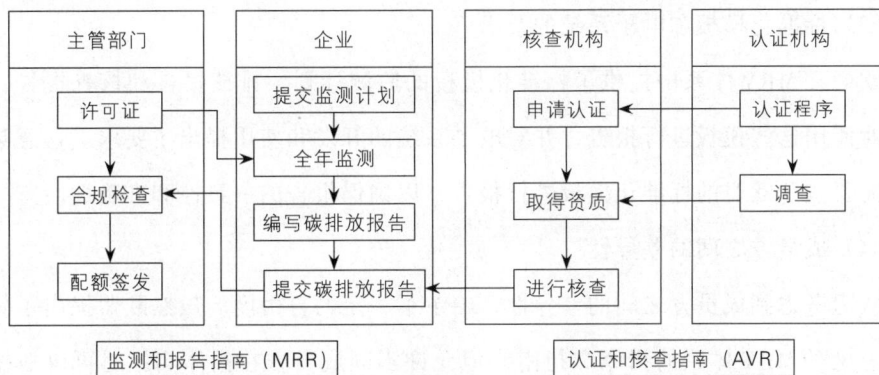

图4-1　MRR体系、AVR体系

值得注意的是，欧盟与美国加州在MRV体系的规定和执行上存在一定的差异。欧盟在MRV体系中体现了由松到紧的趋势，并给予成员方一定的自由度。也就是说，随着时间的推移，监测要求逐步加强，要求越来越严格。以下是欧盟在MRV体系中体现了这一趋势的四个方面：

（1）监测范围逐渐扩大

欧盟的监测范围在不断扩大，从最初只监测二氧化碳（CO_2）的排放，到后来新增监测一氧化二氮（N_2O）和全氟碳化物（PFCs）等其他温室气体的排放。这意味着企业需要更加细致和全面地监测其温室气体排放情况，以便更准确地报告其排放量。

（2）监测要求逐步提高

欧盟的监测要求也在不断提高。例如，《建立欧盟温室气体排放配额交易体系指令》（Directive 2003/87/EC）中规定了企业需要在每年结束后核实和整理排放报告所需的数据资料，并按照相关要求完成实际排放量的核算和报告。而后来的《改善和扩展欧盟温室气体排放配额交易机制指令》（Directive 2009/29/EC）则进一步加强了对企业的核查和报告要求，包括要求企业提交的初稿需要经过第三方核查机构的核查，核查意见需要与排放报告一同提交相关主管部门进行监督检查和备案。

（3）标准化模板和电子系统的要求

欧盟在MRV体系中提供了标准化模板的监测计划、排放报告和核查报告，要求企业使用这些模板进行报告，并对电子系统的开发和使用提出了要求。这意味着企业需要按照欧盟的标准化模板进行报告，以确保报告的一致性和准确性。

（4）成员方之间的差异性

欧盟考虑到成员方之间的差异性，给予了一定的自由度。虽然欧盟提出了具有指导意义的MRV体系的指令和指南，但允许不同成员方在具体实施时可以根据其国情和情况进行一定的调整和适应。这意味着在欧盟范围内，不同成员方可能会有不同的监测和报告要求，从而体现了由松到紧的趋势。

4.3.2　美国的MRV体系

4.3.2.1　美国联邦层面的MRV体系

美国的MRV体系建设也是以法律为基础，逐步发展完善的。2009年，美国环境保护署（EPA）正式发布《温室气体强制报告法规》对温室气体报告体系中设定的报告界限值、可覆盖的排放源、温室气体排放核算方法学以及报告的频率作出了明确要求，为后续MRV体系建立打下牢固的基础。

与欧盟MRV体系相比较，美国MRV体系最大的区别是其温室气体的核查采用自行核查的方式，并引入电子信息平台，由电子系统核查和现场核查两部分组成。

电子系统核查是为满足排放数据的实时报送、快速收集、准确核查、发布及有效降低管理成本等需求，由美国环境保护署研发设计的在线温室气体排放报送工具E-GGRT（Electronic Greenhouse Gas Reporting Tool）系统，该系统由企业数据报送端、核查系统、数据发布和数据共享等功能构成。企业可以通过E-GGRT系统将温室气体数据输入并上传到电子数据库，由美国环境保护署进行核查并提供反馈，最终由企业根据反馈内容进行数据修正和报告，基本实现企业、政府和公众之间的排放、核查信息交流和数据管理。

E-GGRT系统实现MRV体系的运作机制如图4-2所示。

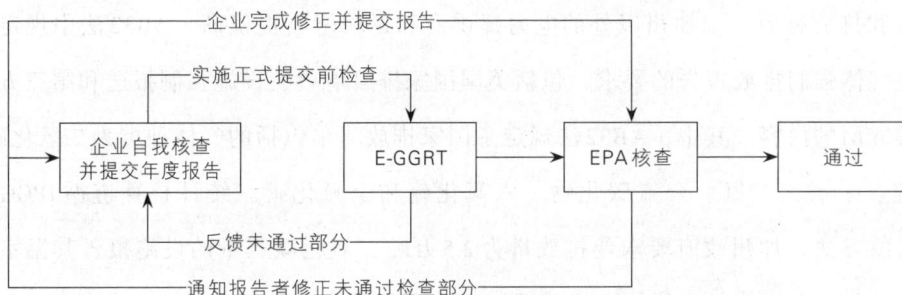

图4-2 美国MRV体系运作机制

线上数据核查和反馈：在企业提交报告时，E-GGRT系统会突出显示潜在的错误，让企业可以在提交报告之前处理这些错误数据，如果发现异常数据或不符合要求的情况，美国环境保护署会通过E-GGRT系统及时向企业提供反馈，要求其进行修正和补充。企业还被要求提供温室气体排放报告中的数据来源，包括监测计划、何时何地收集样本、分析样本的方法，以及用于质量保证和质量控制的程序。同时，美国环境保护署规定这些记录必须在各报告期后至少保存3年，其格式应便于检查和审查。

现场审核：美国环境保护署可以通过E-GGRT系统进行现场审核，检查企业的监测设备、监测方法和数据记录等情况。

数据发布和共享：E-GGRT系统将企业报送的温室气体排放数据进行汇总和整理，并发布在系统的数据发布模块中，公众可以通过系统查阅相关数据，了解企业的温室气体排放情况和趋势。这有助于提高温室气体排放数据的透明度和公众监督力度，促进企业的环境责任和社会公众的参与。

4.3.2.2 美国加州碳市场的MRV体系

美国加州碳市场的MRV体系是指根据2006年通过的众议院32号法（Assembly Bill 32，AB32），即全球变暖应对法（2006年）（California Global Warming Solutions Act of 2006）而建立的温室气体监测、报告和验证体系。加州碳市场MRV体系涉及的温室气体范围较广，包括了所有温室气体和许多目前加州碳市场尚未涉及的产业部门和排放行为，如加州以外的电力提供商和运输燃料提供商。AB32法中规定了温室气体强制排放报告的要求，包括美国国家排放清单、设施强制报送和第三方核证等方面的内容。其中，AB32法规定了国家排放清单包括的气体种类为二氧化碳、甲烷、一氧化二氮、全氟碳化物、六氟化硫和全氟化碳。统计核算遵循IPCC和EPA的方法，加州政府要求年排放量为2.5万吨二氧化碳当量的设施报告其温室气体排放量，并由第三方机构进行核证。

加州碳市场的MRV体系与美国和欧盟在温室气体排放管理方面存在一些不同之处，主要包括以下五点：

（1）监管主体

在美国，温室气体排放管理由美国环境保护署负责，而加州在某些方面有自主权，拥有自己的环境保护署（CARB），负责温室气体排放管理。在欧盟，温室气体排放管理由欧洲委员会和欧洲环境局负责。

（2）法律法规

加州在温室气体排放管理方面颁布了自己的法律法规，如《加州温室气体排放报告法案》（California Greenhouse Gas Emissions Reporting Program），并制定了相应的排放目标和限制措施。美国和欧盟也有相应的法律法规，如美国的《清洁空气法案》（Clean Air Act）和欧盟的《欧洲温室气体排放交易体系》（EU Emissions Trading System）。

（3）监测和报告要求

加州对排放源的监测和报告要求可能会不同于美国和欧盟的规定，包括监测方法、报告周期和格式等方面的差异。加州要求排放源按照规定的方法和标准进行温室气体排放监测，并报告直接排放和间接排放的数据，报告数据需要经过核实并提交给CARB进行审查。

（4）核查要求

加州要求排放源的温室气体排放数据需要经过独立的第三方核查机构进行核查，确保其准确性和一致性。而在美国和欧盟，核查机构的要求和程序可能有所不同。欧盟与加州类似，温室气体排放数据核查也需要由独立的第三方机构进行验证和审核，这些第三方机构可能是经过认证和授权的审核机构，负责收集、核实和验证企业或组织的排放数据，确保其符合欧盟的环境法规和标准。然而，美国的温室气体排放数据核查通常不强制要求使用第三方机构，美国环保署（EPA）提供了指南和标准来帮助组织和企业自行管理和报告其温室气体排放数据，当然企业也可以自行聘请第三方机构来收集、验证和审核温室气体排放数据，以确保数据的准确性和符合法规要求，从而展示企业对环境责任的承诺。

（5）排放目标和限制措施

加州在温室气体排放管理方面设定了自己的排放目标和限制措施，与美国和欧盟的目标和措施可能存在差异。例如，加州设定了较为严格的温室气体排放目标，致力于实现碳中和，推动了可再生能源和低碳交通的发展等。

4.4 国内碳市场MRV实践

中国的MRV体系建设始于《中华人民共和国国民经济和社会发展第十二个五年规划纲要》中提出的"建立完善温室气体统计核算制度，逐步建立碳排放权交易市场"，并在之后的《"十二五"控制温室气体排放工作方案》和《"十三五"控制温室气体排放工作方案》中进一步强调构建国家、地方、企业三级温室气体排放核算、报告与核查工作体系。这一系列政策的出台标志着中国在应对气候变化、推动低碳经济发展方面迈出了重要的一步。

2013—2015年，中国陆续发布了24个行业的温室气体核算与报告指南（统称为《核算指南》），指导开展了八个重点行业重点排放单位的历史排放数据的核算报告与核查工作。此外，《全国碳排放权交易市场建设方案（发电行业）》还明确了建立碳排放监测、报告与核查制度。这一系列措施的实施，为中国的碳市场发展奠定了数据基础，完善了配额分配方法，并规范了企业温室气体排放报告核查活动。

为进一步加强企业温室气体排放报告管理，推动MRV体系的完善，中国生态环境部于2021年3月印发了《关于加强企业温室气体排放报告管理相关工作的通知》（以下简称《通知》）和《企业温室气体排放报告核查指南（试行）》（以下简称《指南》）。这两个文件的发布，对于规范和指导2020年及今后各年度的企业温室气体排放报告管理工作具有重要意义。

4.4.1 中国MRV体系设计及运行机制

数据收集与监测：企业需要建立监测设备，并定期对温室气体排放进行监测。监测数据需要按照国家和地方的相关要求进行收集、记录和报告。监测设备需要符合相关的技术规范和法律法规，监测数据应该准确、可靠，并经过审核机构的审核。

数据核算与报告：企业根据国家发布的核算和报告指南，对监测得到的温室气体排放数据进行核算和报告。核算包括将监测数据转化为温室气体排放量，并按照规定的计算方法进行核算。报告包括将核算得到的温室气体排放数据填报到碳排放报告中，包括企业的温室气体排放量、核算方法、数据来源等信息。

数据核查与审核：国家和地方设立了碳排放核查机构，负责对企业的温室气体排放数据进行核查和审核。核查包括对企业的监测数据、核算方法、报告数据等进行核实和比对，确保数据的准确性和可靠性。审核包括对企业的温室气体排放报告和核算报告进行审核，确保企业的报告符合国家和地方的要求。

数据公开与信息共享：国家和地方要求企业将温室气体排放数据报告公开，并通过碳排放权交易市场等途径进行信息共享。同时，国家和地方也会发布相关的数据公开和信息共享政策，以促进碳市场的透明度和公正性。

处罚与奖惩机制：对于违反温室气体排放核算、报告和核查规定的企业，将依法进行处罚，如扣减或取消碳排放配额等。而遵守规定的企业则可能获得碳排放配额的奖励和其他优惠政策，激励企业主动减排和参与碳市场。

4.4.2 中国试点地区MRV体系建设成效

试点地区在推行碳市场前，没有企业层面的温室气体排放的核算、报告和核查体系。随着试点碳市场逐渐发展完善，各个试点逐步认识到MRV在整个碳排放权交易体系中发挥的重要基础和核心作用，因此逐步完善试点碳市场MRV机制建设。通过建设和运行MRV体系，为试点地区碳交易政策的制定提供了必要的数据支持，也为全国范围内统一的碳排放权交易市场MRV体系的建设奠定了基础。

在试点地区，碳排放核查报告的提交截止日期通常定为每年的4月底，而履约截止日期则在每年的5月底至6月底。企业需要按照规定的时间节点，提交经过第三方独立核查的温室气体排放数据报告，并确保其真实、准确、完整。

中国碳交易试点MRV体系建设有以下五个特点：

（1）碳排放核算边界基本一致

各试点地区的碳排放核算边界大体一致，基本以法人为单位进行核算，包括燃料燃烧和工业生产过程的直接排放源以及外购电力或热力的间接排放源。部分试点地区在排放源的具体规定上有所差异，如北京和上海未对移动源排放进行核算，深圳和广东要考虑逸散排放，北京和上海要考虑废弃物处理排放。

（2）生产数据报送和核查要求不同

除了报送碳排放数据外，根据实际生产数据分配配额的企业还需要额外报送生产活动数据。深圳对生产数据的报送和核查作出了专门规定，控排企业要在每年3月31日前将统计指标数据报告提交给统计部门，每年5月10日前将经统计部门核定后的统计指标数据提交给主管部门。其他试点地区未对相关数据的报送、核查的时间以及流程再行规定，一般在碳排放报送和核查的过程中同时进行，相关数据由主管部门组织审定。

（3）核查机构管理和选定方式不同

试点地区采取了不同的方式选定核查机构，北京、广东和重庆通过公开征选、评审的方式确定第三方核查机构名单，2014年6月之前的核查是直接给名单中的第三方机构分配指定核查的排放单位，后续部分试点地区改由排放单位选择第三方机构。深圳和上海对核查机构进行备案，备案之后两地核查机构的选定方式不同，深圳由排放单位自主选择备案核查机构进行核查，上海通过政府采购按行业分包招标，备案核查机构进行投标，中标之后按标单进行核查。天津历史核查通过政府采购按行业分包招标确定核查机构，第一年核查通过单一来源采购的方式选择之前的核查机构。

（4）核查费用将逐渐过渡至企业自行承担

在试点碳市场运营初期，为保障核查工作顺利开展，核查费用由政府承担，但随着碳市场纳入企业逐渐增多，MRV机制更加完善，核查费用将逐渐转变至由企业承担。例如，深圳试点在第一年已经由企业承担，而北京和广东则从第二年开始也相继采取了同样的做法。

（5）在核查监管措施方面，为保障报告的客观公正性，各试点地区分别采取了不同办法

例如，深圳和北京要求建立核查的抽查机制，对核查结果进行抽查；深圳和天津要求控排单位不得连续3年选择同一家核查机构或相同的核查人员进行核查，以确保核查的准确性和可靠性；此外，深圳还要求对控排单位进行风险评估，并对风险等级高的单位及其核查机构进行重点检查，以加强对高风险单位的监管；天津要求建立核查机构的信用档案，以对核查机构的信用进行监管。

4.4.3　中国MRV体系存在的不足

中国的MRV（测量、报告和核查）体系在实施中存在一些问题，主要包括以下五点：

（1）我国MRV体系顶层制度建设不够完善

权威且统一的法规和标准是我国碳市场MRV体系正常运行的重要基础。上文提到，美国和欧盟已在碳市场启动之初就颁布了多条明确的MRV体系相关法规和标准，用来规范和指导温室气体排放监测和核查工作，以便获得各方认可的数据。

但是，我国目前虽然基本形成了应对气候变化法规体系，同时MRV体系在全国碳市场的建设和运动中也取得了较为显著的进展，但从法律效力角度来比较，国内MRV相关法规的法律层级都相对较低，法律效力不够强，容易出现因违规成本过低，控排企业不愿正常履约的情况。

（2）缺乏统一的MRV体系技术细则和规范标准

目前，国家层面的重点企业和事业单位温室气体碳排放报告管理办法，各地排放报告规范尚未统一，报送模板差异较大，且进度不一，这可能对全国碳排放权交易市场建设的进展产生影响。缺乏一致的报告管理办法和规范，使得企业在报告排放数据时存在不一致性和不可比性，从而影响了碳市场的信息透明度和数据质量。

（3）现有的MRV体系对配额分配支持不足

虽然补充数据表的结构相对完整，但缺乏对具体情况的说明，导致排放企业和核查机构在对内容理解时存在差异。当企业实际情况无法满足补充数据表填报要求时，处理方法不一，给配额分配工作造成一定困难。缺乏明确的配额分配支持措施和指导，可能导致企业之间的不公平和不一致，从而影响了碳市场的公平竞争和有效运行。

（4）现有MRV体系市场化程度不高

在我国MRV制度建设的初期，由于相关监管制度、管理办法不够全面，且企业对MRV制度的接受程度有限，MRV所需的第三方核查费用基本是各地由政府承担，这虽然有利于降低核查制度初期的成本障碍，但随着碳市场纳入企业逐渐增多，在一定程度上可能增加地方政府负担，不利于碳市场可持续发展。

（5）缺乏对第三方核查机构的管理办法

国家层面第三方核查机构管理办法尚未出台，导致第三方核查机构及核查人员专业水平参差不齐，核查数据质量不高，从而影响了MRV体系的专业性。由于缺乏明确的管理办法和标准，不同的核查机构和核查人员在核查过程中存在差异，不一致的结果和不准确的数据将会对碳市场的公平和透明产生不良影响。

4.4.4 完善我国MRV体系的建议

4.4.4.1 完善MRV体系顶层设计

针对我国MRV体系法律法规、政策强制性不足、效力较低的现状，应加快推进完善我国碳市场法律法规的建设工作，鼓励各试点地区发挥试点先行先试的优势，总结归纳汇总先进经验及相关案例汇报国家，为制定国家层面的法律体系提供多方面案例参考。同时，在全国碳市场启动初期，建议强化MRV的管理、执行、评估和监督，明确相关方及其权利义务，不断建立和完善MRV体系技术细则和规范标准，形成政策法规保障。同时，通过积极参与国际谈判，借鉴欧盟和美国立法，在国家碳市场运行的合适时机出台覆盖温室气体的MRV专门性法律，确定MRV体系的法律地位，健全碳市场法律体系，以保障碳市场的长久运行。

4.4.4.2 完善MRV体系技术细则与规范

国家发改委应结合历史报送数据情况，建立国家层面重点企（事）业单位温室气体碳排放报告管理办法，进一步明确报送时间、核算与报送要求、监督管理及相应处罚措施等，同时应统一各地排放报告规范，完善报送制度。依据历史核查中遇到的问题，组织专家组对补充数据表进行修订，增加对补充数据表的详细说明，细化填写规范，同时在核查指南中明确对于补充数据表的具体核查要求，以满足碳排放权交易市场配额分配的需求。

4.4.4.3 充分发挥市场机制

MRV制度主要为碳市场服务，碳市场归根到底是市场机制，除政府以外的市场主体是碳市场运作的动力源泉，政府对第三方机构过度的行政管理不利于碳市场的长久运行。因此，核查服务的市场化是合理的发展方向，有利于建立可持续的第三方核查制度。在全国碳市场建设初期，对核查服务可以采用政府采购方式，但应及早对第三方核查机构和人员进行培育，提升其技术水平，逐步建立规范的监管和认可制度，逐步从成熟阶段过渡到市场化运作阶段，增进市场效率。

4.4.4.4　建立健全国家层面的第三方核查机构管理办法

建议颁布国家层面的核查认证机构标准及核查机构交叉互评互审制度，加强核查人员的能力建设培训等工作。同时，制定国家和地方监管部门第三方核查机构管理办法，对其准入条件、执业原则、业务要求、违约行为、年度考核、退出机制等要求明确和细化，以保证第三方核查机构的独立性，进而保证作为支撑碳市场基石作用的碳核查体系发挥应有的作用。结合全国碳排放交易市场的进展及历史核查发现的问题，进一步完善及修订MRV体系，建立健全国家层面的第三方核查机构管理办法，确保地方主管部门按照统一的标准筛选核查机构，保证核查数据质量。

本章习题

1. 简述碳市场MRV体系中每个要素的定义和作用。
2. 简述中国碳市场MRV体系的运作机制。

第 5 章　配额分配

5.1　碳排放配额的概念和作用

碳排放配额是指经政府主管部门核定企业所获得的一定时期内向大气中排放温室气体（以二氧化碳当量计）的总量，即纳入碳交易的企业允许的碳排放额度。

碳排放配额分配是碳排放权交易制度设计中与企业关系最密切的环节。自碳排放权交易体系建立以来，由于配额的稀缺性推动形成了市场价格，因此配额分配实质上是财产权利的分配，分配方法可能成为影响企业在确定产量、寻找新的投资地点以及将碳成本转嫁给消费者的比例等问题上的决策的关键因素。

配额分配的主要作用包括：

（1）促进企业减排

政府将经过分析研判的配额分配给企业，若企业采取节能减排措施，盈余配额就能在碳市场进行交易；反之，若企业排放超出政府分配总量，则企业需要从碳市场买入配额以完成履约，从而实现根据企业减排情况进行奖励和惩罚的机制。

（2）促进碳市场发展

配额分配是碳市场的核心环节之一，它直接决定了碳市场的流动性、供需关系和价格走势。政府或机构可以通过制定合理的配额分配规则和机制，引导企业参与碳市场，促进碳市场的循环发展和健康运作。

在具体实施中，配额分配规则和机制也需要根据不同国家或地区的情况和碳市场的特点进行调整和优化，以实现上述作用。例如，中国碳市场在配额分配中注重奖励和激励企业减排，并鼓励企业通过碳市场实现减排成本的最小化。美国碳市场则采取了灵活的配额分配机制，通过拍卖配额和免费配额相结合的方式，保障了企业生产和发展的同时，也鼓励企业进行碳减排。

全国碳市场配额预分配、调整、核定及清缴履约流程如图5-1所示。

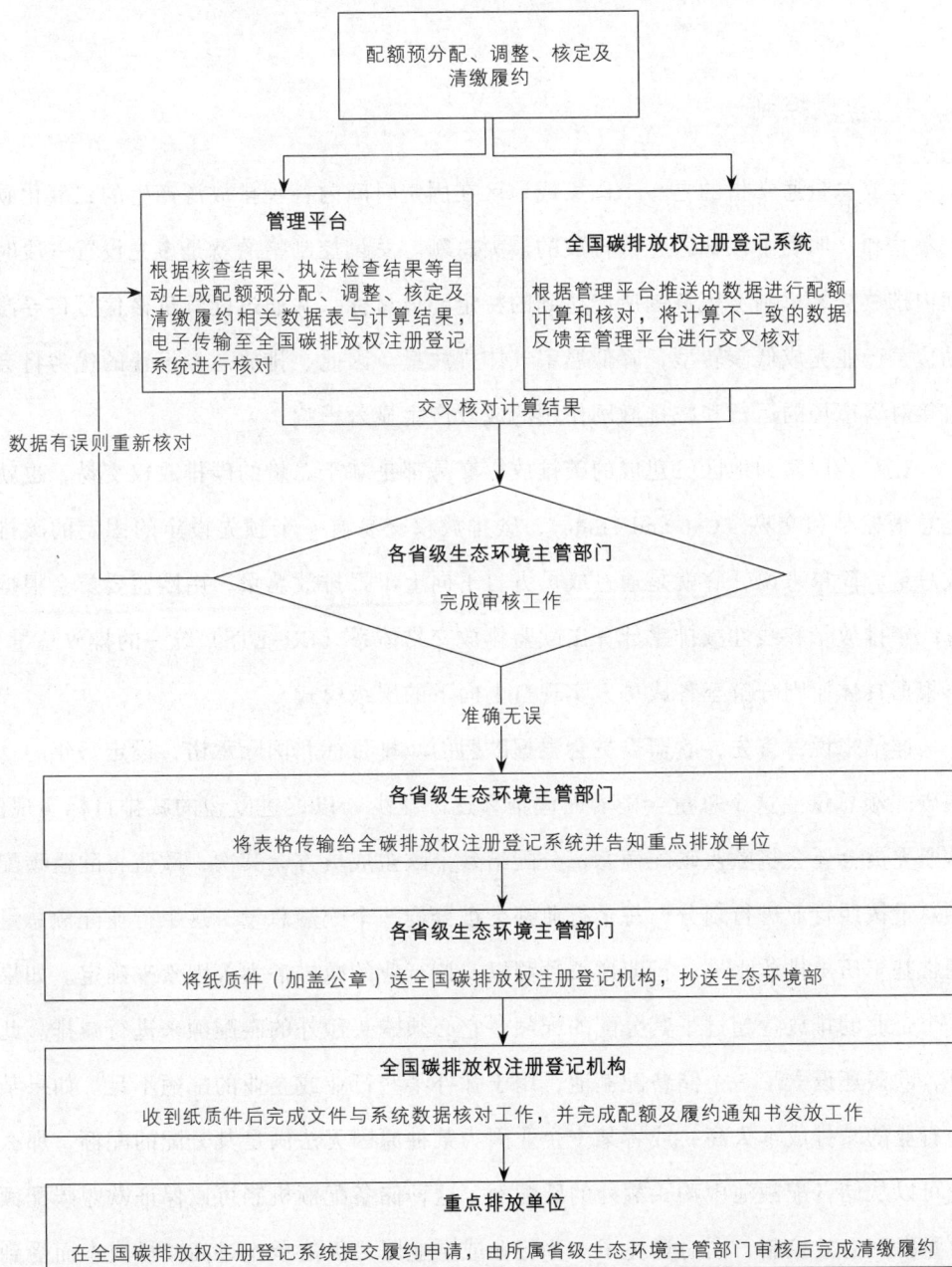

```
┌─────────────────────────┐
│ 配额预分配、调整、核定及       │
│ 清缴履约                 │
└─────────────────────────┘
```

管理平台

根据核查结果、执法检查结果等自动生成配额预分配、调整、核定及清缴履约相关数据表与计算结果，电子传输至全国碳排放权注册登记系统进行核对

全国碳排放权注册登记系统

根据管理平台推送的数据进行配额计算和核对，将计算不一致的数据反馈至管理平台进行交叉核对

交叉核对计算结果

数据有误则重新核对

各省级生态环境主管部门

完成审核工作

准确无误

各省级生态环境主管部门

将表格传输给全碳排放权注册登记系统并告知重点排放单位

各省级生态环境主管部门

将纸质件（加盖公章）送全国碳排放权注册登记机构，抄送生态环境部

全国碳排放权注册登记机构

收到纸质件后完成文件与系统数据核对工作，并完成配额及履约通知书发放工作

重点排放单位

在全国碳排放权注册登记系统提交履约申请，由所属省级生态环境主管部门审核后完成清缴履约

图5-1　全国碳市场配额预分配、调整、核定及清缴履约流程

5.2 配额分配方法

5.2.1 总量控制

排放总量通常指的是一个国家或地区在固定时间内各种排放源产生的二氧化碳配额总和，明确了该地区允许排放的最大总额。总量控制指的就是事先设置一段时间内排放交易机制覆盖范围所能达到的特定环境目标，并通过配额价格信号传导激励覆盖产业完成低碳转型，降低温室气体排放量。因此，排放总量设置的优劣将会直接对碳市场的运行和减排激励作用的成效产生显著影响。

在欧美国家和地区已建成的碳排放权交易都是基于总量的碳排放权交易，也就是总量控制和交易（Cap and Trade），碳排放权交易有一个预先设定的固定的碳排放总量。简单来说，它就是通过成员方自下向上申报排放总量，由欧盟委员会根据基线年排放量和线性减排率计算出欧盟排放交易体系（EU-ETS）统一的排放总量，再根据具体原则分解至各成员方实现自上向下的层级模式。

详细来说，首先，欧盟委员会根据欧盟的减排目标和国际承诺，设定每年的欧盟碳配额总量。这个总量会随着时间推移逐渐减少，以促进欧盟的减排目标实现。欧盟委员会还会将欧盟碳配额总量分配给各个欧盟成员方。其次，欧盟将欧盟碳配额总量按照行业进行划分，每个行业都会被分配一个配额总量。这个行业配额总量通常基于历史排放水平、行业增长预测以及该行业的减排潜力等因素来确定。如果一个企业的排放量超过了其分配的配额，它必须购买额外的碳配额来进行减排。此外，欧盟还设立了一个储备配额池，用于弥补某些行业或企业的配额不足。如果某个行业的减排成本太高，或者某个企业因为某种原因无法满足其分配的配额，那么它可以从储备配额池中购买额外的碳配额。这种储备配额机制可以保证欧盟碳配额总量得到有效控制，同时避免了一些行业或企业因为无法承担过高减排成本而受到不公平对待的情况。最后，欧盟碳市场还设有事后调整机制，如果欧盟碳配额总量的减排效果不如预期，欧盟委员会可以对配额总量进行调整。调整方式可以包括增加或减少配额总量，或调整各个行业的配额分配比例。这种事后调整机制可以帮助欧盟及时纠正一些配额分配和总量设定上的不合理之处，保证欧盟碳市场的健康运作。

我国碳市场配额总量设置以及配额分配很大程度上参考了欧盟碳市场的先进经验，同时与我国作为发展的国家对经济、产业发展的需求相结合，将"30·60碳达峰、碳中和"作为我国重大战略目标，不断推进产业绿色转型发展。毫无疑问，国家级排放交易机制的总量设置肯定需要按照我国承诺的减排目标而进行设计。在2030年排放峰值到来之前，我国排放总量设置应当基于我国每年的温室气体排放强度下降目标进行转化，采用有限增长的"滚动"设定模式，即每年配额总量的绝对值虽有所增加，但总量的增长率是逐年递减的，并受到国家级排放强度下降目标的约束。因此，我国碳市场总量设置及配额分配基本遵循了以下三项原则：

（1）统一行业分配标准

为了保证市场公平竞争和降低分配成本，中国碳市场实行"统一行业分配标准"的原则。具体来说，根据不同行业的产能、能耗、温室气体排放等因素，制定不同的碳配额分配标准。这样做的好处是在各行业内部实现了公平分配，也避免了在不同行业间的碳配额分配上出现的不公平现象。

（2）差异地区配额总量

根据不同地区的发展水平、经济结构、产业特点、温室气体排放水平等因素，制定不同的碳配额总量。例如，发达地区的碳配额总量相对较低，而欠发达地区的碳配额总量则相对较高。这样做的好处是能够促进不同地区的可持续发展，有利于全国碳减排目标的实现。

（3）预留配额柔性调整

在配额总量设计上，要留有一定的储备配额。这些配额可以用于对未来的碳市场变化作出灵活调整，以确保市场稳定运行。例如，在市场过热时，可以通过调整预留配额来增加市场供给，以稳定碳价格；而在市场不景气时，则可以通过调整预留配额来减少市场供给，以避免碳价格过低，这样做的好处是保证了碳市场的稳定性和可持续性。

在生态环境部最新发布的《2021、2022 年度全国碳排放权交易配额总量设定与分配实施方案（发电行业）》中，配额总量设置是通过以下方案确定的：省级生态环境主管部门根据本方案确定的配额核算方法及碳排放基准值，结合本行政区域内各发电机组 2021 年、2022 年的实际产出量（活动水平数据）及相关修正系数，核定各机组各年度的配额量；根据重点排放单位拥有的机组相应的年度配额量以及本方案确定的相关规则得到各重点排放单位年度配额量；将各重点排放单位年度配额量进行加总，形成本行政区域年度配额总量。生态环境部将各省级行政区域年度配额总量加总，最终确定各年度全国配额总量。

5.2.2 覆盖范围

5.2.2.1 覆盖气体

中国碳市场所覆盖的温室气体范围以国际公约为基础，涵盖六种主要温室气体，包括二氧化碳（CO_2）、甲烷（CH_4）、氧化亚氮（N_2O）、六氟化硫（SF_6）、氢氟碳化物（HFCs）和全氟碳化物（PFCs）。从全球升温的贡献百分比来说，因为二氧化碳所占温室气体的比例最大（55%），所以全球大部分的碳市场仅仅涵盖了二氧化碳一种温室气体。特殊的是，欧盟碳市场在进入第三阶段后已经把氧化亚氮和全氟碳化物纳入了交易范畴。

5.2.2.2 覆盖行业

根据全国碳排放权配额总量设定与分配方案，全国碳排放权交易市场覆盖石化、化工、建材、钢铁、有色、造纸、电力（含自备电厂）和航空八个行业中年度综合能源消费量 1 万吨标准煤（约 2.6 万吨二氧化碳当量）及以上的企业或经济主体。目前，只有电力行业被纳入全国碳排放权交易市场。

碳排放具有较大的行业差异性，因此在确定覆盖行业时需要考虑排放源的数量、数据可得性、分配方法可行性和区域经济发展的目标等多种因素。所以，无论是欧盟的碳市场还是中国的七个试点碳市场，它们的覆盖行业都有较大的差异。

在共性方面，试点碳市场的纳入对象均是法人单位而不是排放设施；所有试点碳市场均同时纳入直接排放和企业消耗的电力或热力产生的间接排放；所有试点碳市场均纳入了电力生产、制造业等碳排放量较高、减排空间较大的工业。但各试点碳市场因为经济结构和能源消费结构不同，所以各试点市场有各自的特点。例如，第二产业比重较大的省市，如广东、湖北、天津、重庆纳入企业以工业企业为主，门槛较高；第三产业占主导地位的省市，如深圳、北京、上海的工业企业较少且规模有限，对工业的控排门槛设置低于其他试点碳市场，将商业、宾馆、金融等服务业以及大型建筑纳入碳交易，上海还将航空、机场和港口行业纳入碳交易；某些试点碳市场并非先指定行业范围、再设定控排门槛，而是直接通过设置控排门槛的方式判断哪些行业的企业纳入碳交易，如在《湖北省2020年度碳排放权配额分配方案》中要求2017—2019年任一年综合能耗1万吨标准煤及以上的工业企业均纳入碳市场；随着试点工作推进，一些试点地区逐步扩大碳市场覆盖范围，增加参与主体，如2016年北京市新纳入了城市公共交通行业，上海市新纳入了水运行业，广东试点碳市场开市之初，控排企业来自电力、水泥、钢铁、石化四个行业，是各试点碳市场中纳入行业最少的，在2015年将纺织、陶瓷、化工、有色金属、造纸、民航六个行业纳入报告范围，为这些行业纳入碳交易体系做准备，2016年进一步将造纸业和航空业纳入2016年度碳排放管理和交易范围，而在最新公布的《广东省2021年度碳排放配额分配实施方案》中要求自2022年度起新增陶瓷、纺织、数据中心等行业覆盖范围。我国碳市场行业覆盖范围，见表5-1。

表5-1		我国碳市场行业覆盖范围
碳市场	启动时间	覆盖范围
深圳	2013.6	供电、供水、供气、公交、地铁、危险废物处理、污泥处理、污水处理、平板显示、港口、计算机、通信、电子设备制造
北京	2013.11	火电、热力、石化、水泥、航空及交通运输、服务行业、其他工业
上海	2013.11	工业涉及钢铁、石化、化工、有色、建材、纺织、造纸、橡胶、化纤等，商场、宾馆、建筑、铁路、航空机场、港口、电力
广东	2013.12	水泥、钢铁、石化、民航、造纸
天津	2013.12	钢铁、化工、石化、油气开采、航空、有色、机械设备制造、农副食品加工、电子设备制造、食品饮料、医药制造、矿山
湖北	2014.2	玻璃及其他建材、陶瓷制造、汽车制造、设备制造、钢铁、石化、水的生产与供应、热力生产和供应、水泥、纺织业、化工、有色金属和其他金属制品、食品饮料、医药、造纸、其他行业
重庆	2014.6	化工、热电联产、水泥、自备电厂、电解铝、平板玻璃、钢铁、冷热电三联产、民航、造纸、铝冶炼、其他有色金属冶炼及压延加工
福建	2016.9	电力、钢铁、化工、石化、有色、民航、建材、造纸、陶瓷
全国	2021.7	电力

数据来源：各试点交易所官方网站。

5.2.2.3 覆盖企业

在确定覆盖行业后，还需进一步确定纳入的企业名单。企业名单的确定一般有两种方法。

（1）碳排放门槛

根据企业碳排放量的大小来确定纳入企业名单。例如，北京试点碳市场的纳入门槛为固定设施年二氧化碳直接排放与间接排放总量在1万吨以上。

（2）能耗门槛

根据企业能源使用量的大小来确定纳入企业名单。例如，湖北试点碳市场初期企业纳入门槛为工业企业综合能耗达到6万吨标准煤；全国碳市场的纳入门槛是1万吨标准煤。

碳排放门槛要求主管部门具有碳排放数据，因此要求相对较高。由于中国在碳市场建立之前，已经具备完善的能源统计体系，因此中国试点碳市场往往以能源使用量为企业纳入门槛。当然，纳入门槛并没有一个公认的绝对值，我国各地试点碳市场往往根据自身发展状况来确定纳入门槛，见表5-2。

表5-2　　　　　　　　我国各地区碳市场控排企业纳入标准及数量统计

碳市场	纳入标准	纳入企业数量
全国	年综合能源消费总量达到1万吨标煤以上（含）（温室气体排放约2.6万吨二氧化碳当量）	2 225
北京	年排放总量5 000吨（含）以上	886
上海	工业：2万吨二氧化碳排放量 非工业：1万吨二氧化碳排放量 水运：10万吨二氧化碳排放量	323
广东	年综合能耗5 000吨标煤或年排放1万吨二氧化碳当量	222
深圳	工业：3 000吨二氧化碳排放量以上 公共建筑：10 000㎡ 机关建筑：10 000㎡	750
天津	2万吨二氧化碳排放量以上	139
湖北	综合能耗1万吨标准煤及以上的工业企业	339
重庆	2万吨二氧化碳排放量	153
福建	综合能源消费总量达5 000吨标准煤以上（含）	296

数据来源：各试点交易所官方网站。

5.2.3　配额计算方法

不同行业的配额分配方法及适用行业标准，见表5-3。

表5-3　　　　　　　　不同行业的配额分配方法及适用行业标准

分配方法	适用行业	适用标准
标杆法	电力、水泥（外购熟料型水泥企业除外）	水泥企业配额分配的核算边界为从原燃材料进入生产厂区均化开始，包括水泥原燃料及生料制备、熟料烧成、熟料到熟料库为止，不包括厂区内辅助生产系统以及附属生产系统
历史强度法	热力生产和供应、造纸、玻璃及其他建材（不含自产熟料型水泥、陶瓷行业）、水的生产和供应行业、设备制造	企业产品有1~2种，每种产品同质化程度高且能源消耗边界清晰，可以计算产品碳强度
历史法	化工、汽车制造、钢铁、食品饮料、有色金属、医药、石化、纺织、陶瓷制造、其他行业	全部情况
	水泥（外购熟料型水泥企业）、热力生产和供应、造纸、玻璃及其他建材（不含自产熟料型水泥、陶瓷行业）、水的生产和供应行业、设备制造	存在企业生产两种以上的产品、产量计量不同质、无法区分产品排放边界等情况中的任意一种

数据来源：湖北省生态环境厅发布的《湖北省2022年度碳排放权配额分配方案》，节选。

5.2.3.1 标杆法

标杆法是碳市场中常用的一种配额分配方法，其核心思想是以行业内的最优先进技术或者最低碳排放水平作为行业的平均标杆，再根据企业实际碳排放量与标杆之间的差距来确定企业的碳排放配额。采用标杆法的企业配额计算方法为：

预分配额=前一年实际履约量×50%

企业实际应发配额=本年实际产量×行业标杆值×市场调节因子

以湖北碳市场为例，纳入企业先按其前一年实际履约量（新增企业采用排放量）的50%预分配配额，再根据企业本年实际生产情况核定实际应发配额，在预分配额的基础上多退少补。

标杆法基于企业在同一行业中的排放水平进行比较，将较为环保的企业设置为标杆，其他企业的排放配额则根据标杆企业的排放水平进行分配。标杆法的运用主要有两个方面：一是确定行业标杆值，二是企业配额的分配。

在确定行业标杆值时，通常会选择一些环保先进的企业作为标杆，并综合考虑各个企业的生产规模、技术水平、能源利用效率等因素，计算出该行业的平均排放水平，并将其作为标杆值。标杆值的选取应当考虑到行业的特点和企业的实际情况，以保证标杆值的准确性和公正性。

在企业配额的分配中，标杆法将标杆企业的排放水平作为基准，计算出其他企业相对于标杆企业的排放水平，然后将其与标杆企业的配额进行比较，得出每个企业的配额。具体来说，假设标杆企业排放量为100吨，其他企业排放量为120吨和80吨，则可以计算出它们相对于标杆企业的排放水平分别为120%和80%，最终分配的配额分别为标杆企业配额的120%和80%。

在中国碳市场实践中，标杆法作为一种比较灵活的配额分配方法，被广泛应用于不同行业和不同地区。典型的标杆法基于"最佳实践"的原则，基本思路是将不同企业（设施）同种产品的单位产品碳排放由小到大进行排序，选择其中前10%作为标杆值（也可以选取前30%或行业平均值，这个比例并不是固定的）。每个企业（设施）获得的配额等于其产量乘以标杆值。因此，单位产品碳排放低于标杆值的企业（设施）将获得超额的配额，可以在市场上出售；而单位产品碳排放高于标杆值的企业（设施）获得的配额不足，将成为买家，从而形成对减排绩效好的企业的奖励。

需要注意的是，标杆法并不是适用于所有行业和企业的配额分配，因为某些行业的排放水平较为复杂，无法通过简单的比较来确定标杆值，或者存在一些特殊情况需要特别考虑。因此，在使用标杆法进行配额分配时，需要根据具体情况进行灵活调整和改进，以保证配额分配的准确性和公正性。

5.2.3.2　历史强度法

碳市场配额分配中的历史强度法（Historical Intensity Approach）是一种将历史排放水平与产值相关联的方法。历史强度法是基于特定行业或区域的单位产值的历史平均排放水平，来计算特定行业或区域二氧化碳排放的总量。这意味着在某个行业或区域，随着产值的增长，该行业或区域的二氧化碳排放总量也可以增加，但是每单位产值的排放量将保持不变。该方法旨在通过使用历史排放强度数据来分配碳配额，以确保未来的温室气体排放水平得以控制。

历史强度法的具体计算方法是，首先确定一个特定行业或区域的历史平均排放强度（即单位产值的排放量），然后将该行业或区域的预期产值乘以历史平均排放强度，从而得出该行业或区域的碳排放总量，最后将该总量与该行业或区域的配额总量进行比较，以确定该行业或区域是否有超额或不足的碳配额。以湖北试点碳市场为例，采用历史强度法的计算方式为：

预分配额=前一年实际履约量×50%

企业实际应发配额=本年实际产量×历史碳强度值×行业控排系数×市场调节因子

其中，历史碳强度值原则上为企业前3年碳强度的加权平均值；如果企业出现主要生产设施增减、停产等情况，则需要根据具体情况修改基准年和基准排放量。

历史强度法作为一种配额分配方法，有很多优点。以中国试点碳市场为例，试点阶段的配额分配主要采用历史强度法。该方法的优点之一是考虑了企业的历史排放水平和减排努力，能够激励企业进行减排行动。

例如，某化工企业在历史上环境污染严重，其碳排放量一直较高。采用单一标杆法，企业的碳配额分配量将较少，不利于其进行减排。而采用历史强度法，该企业的碳配额分配量将基于其历史排放水平和减排努力进行分配，使得企业在减排方面有更多的空间和动力。

另一个优点是历史强度法的运算简单，易于实施和监管。历史强度法只需考虑企业的历史排放量和产出量，不需要收集和处理大量的数据，也不需要进行复杂的模型运算，能够降低配额分配的成本和难度。此外，历史强度法还具有良好的适应性和可操作性。该方法可以根据不同行业、企业的特点和政策目标进行灵活调整和优化，还可以较好地适应不同阶段的碳市场需求和政策环境。

综上所述，历史强度法在中国试点碳市场中得到了广泛应用，并发挥了一定的优势。但是，该方法也存在一些缺点和局限性。

市场激励不足：历史强度法是基于过去的排放水平来确定企业的配额，这意味着如果企业过去的排放水平较高，将被分配更多的配额，而不考虑它是否已经采取措施降低排放。这可能导致企业缺乏动力去采取更多的减排措施，降低市场激励，影响碳市场的发展。

低效分配：历史强度法忽略了企业当前的生产情况和潜力，以及不同企业之间的差异性，可能导致一些企业被分配过多的配额，而一些企业被分配过少的配额。这种不合理的配额分配可能导致减排成本高昂，降低减排效率。

不适应未来需求：历史强度法基于过去的排放水平来确定企业的配额，无法适应未来减排需求的变化。随着碳市场的发展、政府的减排目标和技术进步的发展，企业需要逐渐减少其排放量。而历史强度法无法反映未来的减排需求，可能导致碳市场供需失衡。

可操作性不足：历史强度法需要收集和验证大量历史数据，难以进行操作和监管，增加了政府的监管成本。同时，由于历史数据的准确性和真实性存在争议，可能导致配额分配结果的不公正。

不公平性：历史强度法容易导致不同行业和企业之间的不公平，因为不同行业和企业之间的排放水平和减排潜力存在差异，如果不加以考虑，将导致某些行业和企业被赋予更多的权利，而另一些行业和企业则可能被剥夺权利。

在中国的碳市场试点中，一些企业反映历史强度法未能体现企业的实际减排潜力和差异性，导致配额分配不公平。例如，某些企业已经采取了先进的节能减排措施，实际减排量已经超过了历史强度值，但由于历史强度法的限制，这些企业获得的配额仍然很少，限制了它们的发展空间。

另外，历史强度法还会导致企业间的竞争不公平。例如，某些企业由于历史原因或生产工艺特殊性，历史强度值较低，因此分配到的配额相对较多，而其他企业则相对较少，导致竞争不公平。此外，历史强度法也不能真正激励企业进一步进行节能减排，因为企业在减排方面付出的努力不会得到更多的奖励。

因此，在碳市场配额分配中历史强度法虽具有一定的简单和易行性，但其局限性也比较明显。为了更好地体现企业的减排贡献和激励企业进一步降低排放，碳市场可能需要采用其他更加精细的配额分配方法，如标杆法、交易所拍卖法等。

5.2.3.3 历史法

碳市场配额分配中的历史法是指根据历史排放数据来确定企业的碳排放配额，即将企业的碳排放总量设置为历史上该企业实际排放量的百分比。这种方法的基本思想是将排放权分配给那些过去已经为减排作出贡献的企业，以鼓励它们继续保持减排努力。历史法是碳市场配额分配中的一种重要方法，也是中国试点碳市场配额分配的主要方法之一。

历史法的具体实现方式是，首先确定企业的历史排放量，然后根据总量控制的要求，将该排放量转化为相应的碳排放配额。通常采用的是基准年法，即将一个固定的基准年作为历史排放数据的起点，然后将企业的历史排放量转换为基准年的百分比，从而确定企业的碳排放配额。以湖北试点碳市场为例，采用历史法的计算方式为：

预分配额=前一年实际履约量×50%

企业实际应发配额=历史排放基数×行业控排系数×市场调节因子/365×正常生产天数

其中，历史排放基数为企业基准年间碳排放量的算术平均值。

在碳市场配额分配中，历史法的优点包括：（1）公平性。历史法考虑了企业过去的减排努力和贡献，因此更具公平性。（2）稳定性。历史法基于过去的数据，稳定性更强，企业更容易作出计划和投资决策。（3）实施便利。历史法的实施不需要大量的数据和计算，因此更容易实施和监管。

虽然历史法有许多优点，但它也存在一些缺点，包括：（1）未考虑企业间的差异性。历史法未考虑企业之间的差异性，有些企业的减排潜力更大，但配额分配却可能不足。（2）难以调整。历史法无法及时适应新的减排目标或市场变化，因此对配额难以进行调整。（3）未考虑新增企业。历史法不适用于新成立的企业，因为新成立的企业没有历史数据可以依据。

历史法和历史强度法是碳市场配额分配中常用的两种方法，它们有一些共同点，但也有明显的区别。首先，历史法是基于企业过去的实际排放量或能源消耗量进行分配，而历史强度法是根据企业过去的排放强度或能耗强度进行分配。其次，历史法更侧重于过去实际排放量或能源消耗量的记录和数据，考虑的是企业的历史业绩，而历史强度法更关注企业在减排方面的努力程度，注重企业的技术创新和减排潜力。再次，两种方法的结果可能存在差异。对于相同的企业，历史法可能会更加偏向于那些在过去表现良好的企业，而历史强度法更加偏向于那些正在积极推进技术创新和减排的企业。最后，两种方法也有各自的适用范围。历史法更适合于那些历史数据比较完备且稳定的企业，而历史强度法更适合于那些处于快速发展和变革的企业。历史法和历史强度法都是碳市场配额分配中常用的方法，各自有其优缺点和适用范围，企业需要根据自身情况选择合适的方法进行配额分配。

以中国深圳碳市场为例，2016年深圳开始试点碳排放权交易，初期采用了历史法来分配配额。按照历史法的原则，参与交易的企业将获得一个基于历史排放量的配额，每年配额逐步下降，直至2020年减少30%。然而，历史法没有考虑到企业的减排潜力，可能会导致那些排放量较多的企业获得更多的碳排放配额，从而限制了那些已经采取措施减少排放的企业的增长潜力。为了解决这一问题，深圳市在 2018 年开始采用了历史强度法，该方法的配额分配是根据企业单位产值或能耗等指标来计算，以体现企业减排能力的差异。该方法能够更加公平地分配碳排放配额，促进企业在减排方面的积极性。

总之，历史法和历史强度法都是碳市场配额分配中的常用方法，但是历史强度法更加注重企业的减排潜力和差异性，能够更好地促进企业减排并提高碳市场的效率。

5.2.4 配额分配

5.2.4.1 免费分配

免费分配，即政府将碳排放总量通过一定的计算方法免费分配给企业。直观地看，标价出售似乎比免费分配更能达到激励企业减排的目的，因为出售分配使得企业支付了成本，而免费分配的过程中企业没有成本支出，但这种观点忽略了企业的机会成本，如果企业的减排成本低于市场交易的配额价格，则企业可在通过减排达到配额约束后将免费的配额出售并获得收益，在有效交易市场的情况下，免费分配也可以达到减排的约束目的。然而，从国际经验来看，大部分碳交易体系都没有采取纯粹的拍卖或纯粹的免费分配。

在中国碳市场的实践中，政府采取了免费分配的方式来发放碳配额。这种方式主要是出于推广碳市场的需要。在配额市场建立初期，政府为了吸引更多的企业参与，免费分配更容易被企业所接受。由于是无偿取得配额，且剩余的配额又可以到市场上进行交易获得额外收益，因此免费分配在推行过程中最易被现有的碳排放企业所接受。这种免费分配的方式，能够促进企业更加积极地参与碳市场交易，进而推动企业减排，从而达到减排的目的。

虽然免费分配是一种促进碳市场发展的有效方式，但在实践中也存在一定的问题。免费分配的碳配额给企业带来了一定的利益，但是对企业来说，如果企业的减排成本低于市场交易的配额价格，则企业可在通过减排达到配额约束后将免费的配额出售并获得收益。这就会给企业带来机会成本问题，导致企业对减排并不是非常积极，这种现象也被称为"低价抢购"现象。这种现象是免费分配的一个重要弊端，可能会导致碳市场的有效性下降，甚至会使碳排放量增加。

5.2.4.2 有偿分配

在碳市场中，有偿分配模式指的是政府将一定数量的碳排放配额以一定的价格出售给企业。这种模式相对于免费分配模式而言，企业需要支付一定的费用来获取碳排放配额，这样可以通过经济手段激励企业减少碳排放，从而达到减排目的。在中国的碳市场中，有偿分配模式被采用，政府制定了碳排放配额总量，然后将这些配额以拍卖的形式出售给企业。在拍卖中，企业可以通过出价竞争来获取所需的碳排放配额。这种有偿分配模式激励企业在减少碳排放的同时，能够保证企业的经济利益。

中国碳市场的首次配额拍卖于2020年12月在上海证券交易所举行，共拍卖了400万吨二氧化碳排放配额，吸引了全国27个省（区、市）的160多家企业参加。这场拍卖实现了全部配额成交，最终成交价为52.8元/吨二氧化碳。在首次拍卖后，中国碳市场还开展了多场碳配额拍卖。2021年3月31日，中国碳市场在上海证券交易所举行了第二场碳配额拍卖，共拍卖了400万吨二氧化碳排放配额，最终成交价为49.23元/吨二氧化碳。2021年7月21日，中国碳市场举行了第三场碳配额拍卖，共拍卖了300万吨二氧化碳排放配额，最终成交价为51.57元/吨二氧化碳。在这些拍卖中，中国碳市场采用了竞价方式，按照价格从高到低的顺序逐一满足报价。此外，中国碳市场还开展了试点交易。2021年1月28日，中国碳市场在中国石油大学（华东）举行了碳配额试点交易。该交易共有5家企业参与，拍卖了1万吨二氧化碳排放配额，最终成交价为28.9元/吨二氧化碳。

相对于免费分配模式，有偿分配模式的优点是，它可以在一定程度上增加政府的财政收入。此外，有偿分配模式能够更好地反映企业的减排成本和碳排放价值，使得碳市场更加公平和透明。此外，这种模式也能够在一定程度上避免碳市场过度波动和市场崩溃的风险。

然而，有偿分配模式也存在一些问题。首先，政府必须保证拍卖的公平性和透明性，否则将会导致市场混乱和信任危机。其次，由于企业需要支付一定的费用，这可能会加剧企业的负担，尤其是对于一些小型企业来说可能会带来不小的财务压力。最后，有偿分配模式需要政府对市场的监管和调控，否则可能会导致市场过度波动和崩溃。

总体来说，中国碳市场的碳配额拍卖制度在短时间内取得了不错的成效。拍卖价格逐步上升，市场参与度逐步提高。未来，中国碳市场还将继续推进碳配额拍卖等交易机制的建设，政府需要保证拍卖的公平性和透明性，同时对市场进行有效的监管和调控，加快建立成熟的碳市场体系，以确保碳市场的健康稳定发展。

5.2.4.3 混合分配

除了免费分配和拍卖模式外，还有一种碳配额分配模式叫作渐进混合或行业混合模式，它是指政府将一部分碳配额免费分配给企业，而另一部分则通过拍卖方式出售。而这些分配的碳配额不是平均分配给每个企业，而是针对不同行业的企业分别分配不同数量的碳配额。

举例来说，中国的试点碳市场采用了行业混合分配的方式。以广东省为例，广东碳市场将碳排放总量分为几个行业，分别为电力行业、石化行业、钢铁行业、水泥行业、建筑行业等。然后，主管部门通过计算和分析得出每个行业所需的碳配额，将其分配给该行业的企业。

行业混合分配的优点在于，它可以根据不同行业的排放情况和特点，量身定制碳配额的分配方案，更加公平地实施碳排放管理。同时，它能够促进行业内企业之间的合作，鼓励技术创新，提高减排效率，从而推动全行业的碳排放量降低。

然而，行业混合分配模式也存在一些缺点。首先，政府需要对不同行业的排放情况进行准确的估算和分析，以确保每个行业都能够获得适当数量的碳配额。其次，对某些特殊行业来说，它们的碳排放量可能无法通过简单的计算和分配来得到准确的估算，这就需要政府进行更加细致的调研和分析。此外，行业混合分配也容易出现行业间的不平等问题，有些行业可能会获得更多的碳配额，而有些行业则可能会受到不公平的待遇。

在国际上，欧盟碳市场（EU-ETS）是一个比较成功的例子。EU-ETS使用的是渐进混合模式。该体系在实施时，将30%的配额通过拍卖方式分配，而剩余70%则通过免费分配的方式发放给企业。其中，免费配额的分配基于企业的历史排放量和产能，即历史越长、产能越大的企业将获得更多的免费配额。此外，为了鼓励企业更积极地减排，该体系还设置了碳排放减少的奖励机制，对减排较多的企业进行奖励，以提高企业的减排积极性。

总的来说，配额分配中的渐进混合或行业混合模式在国内外均有较为成功的案例，并且在实践中被证明是一种有效的配额分配方式。无论采用何种配额分配方式，都应该在充分考虑企业的成本和减排积极性的同时，确保实施公开、透明和公正的分配过程，以提高配额交易市场的有效性和公信力。

本章习题

1. 简述配额分配在碳市场中的作用及重要性。
2. 简述我国碳市场总量设置及配额分配的原则。
3. 简述我国碳市场配额预分配、调整、核定及清缴履约流程。
4. 简述三种配额分配方法的适用场景、计算方法及每种方法的优劣性。

第6章　碳金融产品——融资工具

6.1　碳债券市场

碳债券市场是低碳企业或项目直接融资中的主要选择之一，既能有效满足交易双方的投融资需求，又能将风险分散至多个投资者。在碳交易机制尚不完善的情况下，碳债券能够突破部分碳减排权交易标的非合约性、非标准化的短板，实现较低的转换成本、较强的金融示范作用，调动社会各界促进低碳经济发展的积极性。

6.1.1　碳债券市场概述

6.1.1.1　碳债券的界定

碳债券（Carbon Bond）是指政府、银行或企业为筹集低碳经济项目资金面向投资者发行的，并承诺在一定时期后支付本息现金流或碳资产（如CER）的债务凭证，属于狭义的"绿色债券（Green Bond）"或"气候债券（Climate Bond）"。

碳债券主要用于弥补政府投资应对"气候变化相关"的融资缺口。"气候变化相关"一般指"减缓气候变化"以及"适应气候变化"的项目。其中，减缓气候变化项目包括能源结构调整、提高能效与减少温室气体排放项目，如建设尼罗河三角洲洪水防护工程、大堡礁的气候变化等适应项目；适应气候变化项目是应对气候变化而采用的措施，如防止水浸、抗逆农业系统等。

碳债券能够有效满足交易双方的投融资需求，符合政府大力推动低碳经济的政策性导向，调动社会各界促进低碳经济发展，具有很强的经济意义。主要体现在：

第一，完善金融市场。发行碳债券将有利于丰富债券市场交易品种，促进企业债券的发展，提高我国债券市场的完整性；有利于金融创新，在碳债券的基础上可进一步发展碳债券期货、混合债券期货，进而可以发展期货产品，最终可以为投资者提供多样化的投资品种和风险对冲工具；有利于促进我国证券市场持续健康地发展，弥补碳金融手段的单一性，缓解我国可再生能源企业在CDM单一供应机制中定价话语权的劣势，成为低碳技术乃至低碳产业发展的推动力，为低碳经济环境注入新的活力。

第二，在金融生态环境改善方面，以碳债券作为突破口，将逐步改变现有的金融监管、财政税收、会计核算与项目评价等制度体系，优化投资主体的融资结构，引导包括企业、社团、家庭和民众投资观念的转变，进而催生碳金融投资工具的多样化，最终实现与低碳经济发展相适应的碳金融环境。

第三，在低碳经济意识构建方面，发行碳债券将唤醒人们的低碳经济意识。低碳经济的发展必然会影响当前社会的全部主体，尤其是包括企业在内的各种团体的经营活动，包括所有民众、家庭在内的生活方式，通过发行碳债券相当于在广泛的社会群体间普及低碳经济发展理念，是对人类社会发展的重大贡献。

总体来说，发行碳债券符合现代金融体系的运作要求，具备满足交易双方的投融资需求、满足政府大力推动低碳经济的导向性需求、满足项目投资者回报率低于传统市场平均水平的需求、满足债券购买者主动承担应对全球环境变化责任的需求。

6.1.1.2 碳债券的基本要素

碳债券作为债权人和债务人债权债务关系的凭证，其合约设置的基本要素包括债券的期限、面值、利率和价格。

（1）碳债券的期限

碳债券的期限是指发行人承诺履行合约的期间，即从债券发行到还本付息过程中所经历的时间。碳债券的还本付息期限较为固定，多数为5~10年。对债券持有者而言，期限不仅明确了持有人收到本金的期限和预期收到利息的日期，而且期限的长短会影响债券的收益率和价格变动。和普通债券一样，碳债券的到期期限越长，债券收益率就越高，而债券价格波动也就越大。

（2）碳债券的面值

碳债券的面值是指债券在票面上所体现出来的价值，是发行人对债券持有人到期后应该偿还的本金，同时是持有人按期获得利息的计算依据。碳债券的面值包括两个方面的内容：一是面值币种；二是面值大小。对于在本国范围内发行的碳债券，以本国货币计量；而在其他国家市场发行的碳债券则是以发行地国家的货币为面值货币。发行者可以根据其筹资的目标及范围，选择合适币种。

（3）碳债券的票面利率

碳债券的票面利率，又称名义利率，在债券发行时就会标明，通常以年利率形式表示。在债券的存续期内，每年支付给持有人的利息值就是票面利率乘以债券本金。利息支付的形式有到期一次性支付、按年支付、半年支付和按季度支付等多种方式。票面利率的高低取决于债券期限的长短、发行主体的信誉级别、利息支付方式以及投资者对债券的评价等因素。

碳债券的利率可以分为固定利率、浮动利率和混合利率等形式。固定利率为固定的数值，在债券期限内不发生改变。浮动利率一般以某一利率为基准，与CDM项目收益挂钩核定其浮动区间，并定期调整。在碳债券的发行实践中，除了单一的固定利率和浮动利率外，部分债券还采用固定利率和浮动利率组合的形式，即债券的一部分面值采用固定利率，而另一部分采用浮动利率。

碳债券的票面利率与实际收益率的关系取决于发行价格和面值。当债券持有者以债券的票面价值购买债券时，二者对等；而以高于票面价值买入债券时，收益率要低于票面利率，反过来也成立。

（4）碳债券的价格

碳债券的价格包括发行价格和交易价格。债券的发行价格是首次公开发售的卖出价，即在发行市场上，投资者在购买债券时实际支付的价格。碳债券发行价格的确定方式与普通债券相同，分为平价发行、溢价发行和折价发行。平价发行又称等额发行或面额发行，是指发行人以票面金额作为发行价格。溢价发行是指发行人按高于面额的价格发行债券，这样可使公司用较少的债券筹集到较多的资金，同时可降低筹资成本。折价发行是指以低于面额的价格出售债券，即按面额打一定折扣后发行债券，折扣的大小主要取决于发行公司的业绩和承销商的能力。

债券发行价格的高低与市场利率水平密切相关，债券的市场利率代表债券投资者对债券要求的最低实际收益率。当债券发行时市场利率高于债券票面利率时，发行人可以考虑采用适度的溢价发行，从中获取一部分利差；相反，则采用折价发行的方式，促进资金的筹集。

交易价格为债券在流通市场（二级市场）上的买卖价格，在行情表上体现出债券的开盘价、收盘价、最高价和最低价。交易价格的高低取决于公众对于债券的评定、市场利率以及对于宏观经济变量的预期。一般来说，债券的价格与到期收益率成反比，即债券的价格越高，买入债券的投资者所得到的实际收益率就越低，反之亦然。值得一提的是，碳债券的价格往往比商业债券更高。例如，韩国进出口银行（Export-Import Bank of Korea，KEXIM）的绿色债券价格远远高于其商业债券。

债券的价格是变动的，而债券的面值是固定的。在发行者计息和还本的时候，是以债券的面值作为基准，而不是价格。

6.1.1.3　碳债券特征、功能与分类

6.1.1.3.1　碳债券的特征

碳债券作为一种债务凭证，核心特征就是将低碳项目的CDM收入与债券利率水平挂钩。由于发行目的、产品设计以及运行方式的特殊性，碳债券与传统债券和其他碳金融工具相比具有一定的差异和优势。

第一，与传统债券相比，碳债券具有鲜明的特点：一是它的投向十分明确，紧紧围绕可再生能源进行投资；二是可以采取固定利率加浮动利率的产品设计，将CDM收入中的一定比例用于浮动利息的支付，实现了项目投资者与债券投资者对CDM收益的分享；三是碳债券对于包括CDM交易市场在内的新型虚拟交易市场有扩容的作用，它的大规模发行将最终促进整个金融体系和资本市场向低碳经济导向下的新型市场转变。

第二，转换成本较低。债券市场作为金融工具产生较早的产物，已经基本上形

成了一套成熟的流程。依托成熟的国债与企业债发行机制，碳债券能够在较低的转换成本下实现金融体系内低碳投融资产品的新突破，发挥金融行业对我国发展低碳经济的重要推动作用。与此同时，碳债券设计思路相对简单明晰，易为投资者理解和接受，可满足社会对于低碳经济投资产品的需求。

碳债券有利于改善清洁能源企业融资结构，降低融资成本，推动清洁能源企业快速发展，加快我国产业向清洁能源产业的转型。碳金融活动必须依靠全社会的参与才会有生命力，碳债券的推出将使投资者在经济利益及精神追求两个层面获得收益，能够更好地将投资主体的减排责任意识与受益权利结合起来，这是碳债券作为碳金融发展突破口的重要依据。

6.1.1.3.2　碳债券的功能

作为基本的债券融资市场，碳债券市场在整个碳金融市场体系乃至社会经济中占有重要的地位，其重要功能如下：

第一，特定融资和投资功能。世界银行负责可持续发展战略的副总裁雷切尔凯特曾说：碳债券创造了低碳发展的新融资渠道，这是至关重要的，因为它们潜在地带来了从传统化石燃料投资向清洁能源投资的转变，将建立我们的低碳未来项目。碳债券的本质是直接债务融资工具，具有使资金从资金盈余者流向资金稀缺者，为资金不足者筹集资金的功能。碳债券市场作为资金的集散地能够为资金的稀缺者提供一个直接融资的渠道。而在给资金稀缺者提供资金时，碳债券市场具有特定的方向和类别，仅针对减缓温室气体排放或适应气候变化的项目，在我国则是以CDM项目为主。从2007年至今，世界银行就连续推出了多种碳债券，支持减缓气候变化的项目和适应项目，如太阳能和风能装置，通过植树造林和避免森林砍伐来减少温室气体（GHG）排放和碳减排新技术项目。我国首只碳债券则是为核电、风电等可再生能源提供资金。此外，碳债券市场为各类投资者进入碳金融市场提供了又一投资渠道，特别是对寻求一定风险和稳定收益的投资者。

第二，资金流动导向功能。资金在市场中具备逐利的特性，投资者根据项目的前景、发起人背景以及管理者水平等因素形成对债券的评估，由此可以甄别特定项目或特定企业的优质程度。通过碳债券市场，资金得以向优势企业聚集，有利于资源的优化配置，降低资金使用的总体风险。反之，对企业或项目而言，基于效益好的企业或项目发行的债券通常较受投资者欢迎，因而发行时利率低，筹资成本小；基于效益差的企业发行的债券风险相对较大，受投资者欢迎的程度较低，筹资成本较大。碳债券的发行有利于能耗高的产业向低能耗转化。

第三，促进产业政策调控功能。产业政策是政府为了实现一定的经济和社会目标而对产业的形成和发展进行干预的各种政策的总和。碳债券与国债不同，国债能够作为政府公开市场业务的载体，直接通过减少或增加货币供应量，来缓解经济过热或经济萧条的情况。碳债券的产生受益于国家政策性指引和鼓励，且有针对性地面向低碳产业或低碳项目。这主要体现在：全球气候变暖的趋势下，各国都面临经济增长模式向"资源节约、环境友好"的转变，特别是对于不发达国家和发展中国家。这将引发可再生能源类、新型能源类行业结构调整，碳债券适时推出能够为这类企业或项目提供多样化的融资方式，促进发挥产业政策调整的宏观功能。

6.1.1.3.3　碳债券的分类

碳债券按照不同的分类标准有不同的分类方法，一般而言，可按发行主体、偿还期限、利息支付方式、有无抵押担保和发行范围进行分类。

（1）根据发行主体不同划分为碳国债和碳企业债券

碳国债是指以国家公信力保证发行和收益的有价债券，所筹集资金专门用于碳减排事业专项发展的国债。碳国债的购买和持有者包括国内企业、个人和地方政府，也包括外国的政府、企业、个人。碳国债可以是纯资金型债券，还可以是资金与碳资产的组合，即每张碳国债对应一个未来本息现金流及一定数量的碳资产。

碳企业债券是以企业为主体发行的到期承诺还本付息的债务凭证。随着低碳经济概念逐步被人们所接纳，以企业为发行主体的碳债券数量正在日益增加，在碳债券市场中占据重要位置。目前，各国对碳债券尚未有清晰的分类，但通常按照发行人的属性划分是比较公认的分类方式。

（2）根据偿还期限的长短划分为碳中期债券和碳长期债券

碳中期债券是指期限在1年以上10年以下的债券；碳长期债券是指在10年以上的债券。由于低碳项目的周期长、成本大，应项目之需发行的碳债券的偿还期限均较长，以5~6年的中期碳债券多见。其中，比较有代表性的有6年期的"Eco3+ Bonds"债券、5年期的中广核风电有限公司附加碳收益中期票据，以及5年期的欧洲投资银行碳债券等。

（3）根据利率是否变动划分为零息碳债券、固定利息碳债券、浮动利息碳债券和碳混合型债券

零息碳债券到期只需要支付本金，不需要为占用持有者资金付出利息费用；固定利息碳债券到期日按固定的利率支付合约期内利息费用；浮动利息碳债券允许利息计算过程中，利率在一定区间内浮动，这种浮动可与碳项目或者碳交易指数挂钩；碳混合型债券则采用固定利率加浮动利率的模式，其中固定利率为了支持低碳项目，一般低于基准利率。

（4）根据有无抵押担保划分为碳信用债券、碳抵押债券和碳担保债券

碳信用债券是指没有抵押品，完全以公司的信誉作为发行债券的保障，通常只有经济实力雄厚、信誉较高的企业才有能力发行这种债券；碳抵押债券要求发行人在发行一笔债券的时候，将其部分财产或现金流作为抵押，一旦债券发行人出现偿债困难，则处置该项财产作为清偿，如碳常规抵押债券是以公司的固定资产和生产可再生能源的现金流作为补偿的保证，其中现金流由国家上网电价政策（Feed-in Tariff）作为保障；碳担保债券是由保证人做担保而发行的碳债券，当企业无法按量履约时，债权人可向保证人追偿。

（5）根据发行范围划分为碳国内债券和碳国际债券

碳国内债券是指发行主体在本国范围内以本国货币发行的债券，如中国浦发银行承销的碳中期票据、美国政府的可再生能源债券都属于此类。碳国际债券是指某国的借款人以其他国家的货币为面值，向境外投资者发行的债券，如IFC公司在香港发行的第一只人民币碳债券。无论使用的货币在哪国发行，其一般都是可以自由

兑换的货币，主要是美元，其次是欧元、日元等。

6.1.2 碳债券市场的发行机制及交易流程

碳债券募集资金除投向比较特殊以外，与债券市场上的其他普通债券并无太大差异。例如，债务人筹措所需资金，然后按法定程序发行债券，取得一定时期资金的使用权及由此而带来的利益，同时又承担着举债的风险和义务，按期还本付息。因此，碳债券市场的参与者、发行机制以及交易流程都可比照普通债券的基本情况，并根据其具体特性进行适当的调整和补充。

6.1.2.1 碳债券市场的参与者

根据债券市场的组成结构，碳债券市场的参与者包括发行人、中介机构和投资者。

6.1.2.1.1 发行人

债券发行人是指为筹措资金而发行债券的政府及其机构、金融机构和企业。债券发行人是债券发行的主体，如果没有债券发行人，债券发行及其后的交易就无从展开，债券市场也就不可能存在。碳债券发行市场（一级市场）的发行人主要有四种类型：

（1）国际组织

国际组织又称国际团体或国际机构，是具有国际性行为特征的组织，是三个或三个以上国家（或其他国际法主体）为实现共同的政治经济目的，依据其缔结的条约或其他正式法律文件建立的有一定规章制度的常设性机构。它既包括综合性组织，又包括专业性组织。充当碳债券发行人的国际组织是指为促进减缓全球气候变化项目或适应性项目而筹措资金的专业性金融组织。它推动了碳债券在国际碳市场中的产生，并为其他发行人发行债券提供了可供借鉴的经验。最为典型的是发行系列性绿色债券的世界银行和其下设机构国际金融公司。自2008年以来，世界银行已经通过发行17个币种、61只绿色债券筹集超过53亿美元资金，国际金融公司已经发行34亿美元绿色债券，其中包括两个基准规模10亿美元的绿色债券。这两个机构都有相当规模的气候方案，世界银行在过去3年中批准气候适应和减排项目资金平均每年55亿美元。国际金融公司的气候智能型投资组合仅2013年就增长了50%，增至25亿美元。除此之外，其他的国际金融组织还包括非洲发展银行、亚洲发展银行、欧洲理事会等。

（2）政府和主权组织

政府是指国家的政府主管部门，主权组织则包括州级、省级以及市级政府，可能是一个国家内的州或者地方政府。由于碳债券发行立足于促进全球气候变化问题，旨在由国际组织牵头促进各个国家政府参与到有关全球环境可持续发展的议题中来，因此中央政府和主权组织构成了碳债券的重要发行人之一。通常，中央政府和具有主权性质的组织为了推动低碳经济的发展，将发展资源节约、环境友好等可再生能源项目、减缓气候变化的项目列为国家经济刺激计划的重要目标之一，从宏观层面为碳债券的发行提供引领。

（3）银行和其他金融机构

银行和其他金融机构利用碳债券市场为他们的客户提供多样化筹措资金的渠道。其中，比较有代表性的形式是商业银行与投资银行合作开发与减排单位挂钩的结构性理财产品，挂钩的对象可以是现货价格、原始减排单位价格、特定项目的交付量等，到期支付相应的收益给投资者。目前，发行结构性理财产品的商业银行大都是经验丰富、范围遍布全球的跨国商业银行，如汇丰银行、荷兰银行、德意志银行和东南亚银行等。

（4）减排企业

企业参与到碳债券的发行中，主要是出于达成减排目标或构建低碳项目，减排企业既包括大型能耗型工业企业，也包括清洁能源开发的企业。企业发行者的信用等级参差不齐，既有相当于政府信用等级的，也有低于可投资信用等级的。在国际碳债券市场上，以企业为发行主体的债券占比相对较小。对减排企业而言，一方面是创造了新的融资渠道，以创造债券市场差异化的方式，吸引投资者目光；另一方面也可以起到形成营销企业品牌的作用。

通常，企业会根据自身业务特征将其产品与绿色债券进行捆绑设计，因此由私人企业发行的绿色债券类型更为丰富一些。比较有代表性的企业有联合利华、丰田汽车和 Regency Centers。其中，丰田汽车的绿色债券直接和产品相关联，用于支持消费者贷款购买或租赁包括混合动力车丰田普锐斯在内的"绿色"汽车，相当于丰田金融服务公司将贷款组合卖给了投资者，属于担保债券。

除了由各个发行主体独自发行以外，不同类型和属性的发行人也会相互合作。例如，政策性金融机构可以和私人企业合作，通过风险分担机制带动更多的债券投资者进入绿色债券市场。欧盟委员会和欧洲投资银行合作的"欧洲2020年债券信用增级倡议"项目便是其中的佼佼者。对获得该倡议支持的合格项目，欧洲投资银行会认购该项目价值20%的次级债券，成为债券的第一损失准备金，以吸引更多的私人投资者。目前，已有九个能源和交通项目获得该倡议批准，包括英国和德国的海上风电网连接项目。

6.1.2.1.2　中介人

中介人是碳债券市场上不可缺少的参与者。在一级市场中，交易商和经纪人辅助发行人发行债券，负责撮合发行人和投资人。新债券发行之后，进入到二级市场上进行交易，中介商则担当撮合交易者的角色。总体来说，碳债券市场的主要中介人包括代理或零售经纪人、交易商兼经纪人、做市商、承销商和第三方中介服务机构。

（1）代理或零售经纪人

代理或零售经纪人是代理商。一方面，他们充当代理投资者进行债券买卖，从而赚取佣金作为收入；另一方面，他们可帮助投资者和发行人保持匿名往来的形式。

（2）交易商兼经纪人

交易商兼经纪人是为了撮合做市商与对手方的交易，提高市场效率。他们本身不参与自营交易，而是通过提供服务获得小额佣金。他们面向对象和运行方式都与零售经纪人不同。

（3）做市商

做市商是存在于特定交易制度——做市商制度或混合型制度之下的参与者，他们的职责是设定债券的交易价格，获利来源于买卖价差。即使市场不存在交易意愿时，做市商也必须承担起报价、买卖的义务。他们具备自营的权利，能够在自己的账户上进行交易，并形成资金的往来和债券的买卖。二级市场中最大的交易量来自不同做市商之间。

（4）承销商

承销商一般是指具有相当销售实力，承担销售责任的机构。债券承销商是在债券发行中独自承销或牵头组织承销团经销的经营机构。碳债券的承销商一般是由信誉卓著、实力雄厚的商业银行、投资银行及大型证券公司担任。在我国，碳债券的承销商一般是由具有资格的商业银行、证券公司或兼营证券的信托投资公司来担任。在承销商的选择上，需要考虑备选承销机构的资金总量、风险承担能力等因素。我国首只碳债券的主承销商是浦发银行。

（5）第三方中介服务机构

第三方中介服务机构在碳债券市场中提供辅助性服务，主要体现在前期材料的准备、中后期信息披露以及为投资者提供投资信息参考等。第三方中介服务机构主要包括会计师事务所、法律事务所和信用评级机构。

会计师事务所担当出具发行主体相关会计年度的财务报告（须具有执行证券、期货相关业务资格的会计师事务所审计）的职责；律师事务所进行法律尽职调查、出具法律意见书，协助完成发行材料的准备工作；信用评级机构出具评级报告及跟踪评级安排，发行完成后的跟踪评级，如标准普尔与点碳公司合作开展的碳债券评级服务，采用1~6的级别代替AAA+到D-的评级法，使用项目评级的依据是点碳咨询公司提供的数据，评估一项碳减排工程预期能产生碳信用的可能性和数量，同时评估环境债券潜在的市场。

6.1.2.1.3　投资者

碳债券市场除了普通的社会公众之外，大多数是金融机构和公司。大型的机构投资者按照设立性质、资金来源可以分为多种类型，这里主要介绍四种重要类型。

（1）商业银行

商业银行是债券市场上的重要投资者，它们通常会购买固定利率债券获取利润，购买浮动利率债券以弥补借贷需求的缺口。碳债券的开发丰富了债券市场的交易品种，同时为商业银行调整投资产品利率结构提供了新型的方式，包括固定利率加浮动利率的形式、联动碳资产价格或指数价格的浮动利率形式等。

（2）投资基金

投资基金是投资信托类的基金，其一般是依据某种特定的需求而设立，目的是在一定的风险水平下科学地运用募集资金获取收益，且没有偿还利息费用的负担。投资基金作为重要的机构投资者之一，活跃于各类市场寻求适合基金类型的投资产品，碳债券作为碳金融市场中不可或缺的工具，在满足投资基金投资回报需求的同时，能够促进投资基金介入到国际碳市场，分散投资并合理管控风险。绿色债券通常会吸引一些长期性资本如主权基金、养老金、企业年金、保险资金等，以及社会责任投资机构如社会责任投资基金、教会基金等的青睐。

（3）非银行金融机构

非银行金融机构泛指除商业银行和专业银行以外的所有金融机构，主要有信托、证券、保险、融资租赁、资产管理公司和财务公司等，典型的机构投资者包括全球最大的投资管理公司贝莱德（BlackRock Inc.）、道富集团（State Street）。特别是对财产保险公司、人寿保险公司而言，为控制风险，它们可供投资选择的工具非常局限，因此它们会依据对应保单的赔付要求结构，选择投资期限和收益合适的碳债券。除此之外，碳债券能够延续衍生产品的开发，如证券机构可以将所购买的碳债券转为基金计划，向投资者发售。

（4）公司投资者

公司投资者一般利用多余现金、养老金之类的财务计划资金投资于债券市场以获取较为稳定的利润。国外碳债券市场相对较为开放，且交易品种较多，公司投资者也有机会参与其中。在我国，已开发的中期票据形式的碳债券只能在银行间债券市场中流通，公司投资者尚不能直接参与碳债券的投资。

6.1.2.2　碳债券的发行方式与程序

6.1.2.2.1　碳债券的发行方式

碳债券的发行方式按照有无中介机构参与，可以分为直接发行和间接发行两种形式。

（1）直接发行

直接发行是由发行人自行办理碳债券发行的所有手续，并直接向投资者发售债券的形式。直接发行没有中介人参与，因此不需要向相关的代理机构支付代理发行或承包发行的费用。但由于采用直接发行方式的发行人对于某种债券的认识渠道和程度都有限，通常容易导致发行成本的增加，甚至会造成发行失败，因此此方式往往适用于规模较小或定向募集的债券。因为碳债券募集所针对的项目大多回报周期较长、风险较大，所以直接发行方式在碳债券中使用较少。

（2）间接发行

间接发行又称委托发行，是发行人委托金融中介机构发行债券。碳债券发行过程中，通常采用间接发行的方式。充当碳债券承销的中介机构被称为承销商，可以是单一的承销商，也可以是由主承销商牵头的承销团。他们负责协调发行申报工作，牵头准备发行及备案文件，组织尽职调查工作，设计发行方案，开展市场推荐，以及组织债券发行与销售工作。

碳债券的承销商一般由大型证券机构、投资银行和跨国银行担任，且单一承销机构是通常采用的形式。采用这种方式，可以通过了解金融知识的专业机构，促进债券迅速稳定发行，以免延误发行时间。根据承销商在债券承销中承担义务大小，可划分为三种方式：委托代销、全额包销和余额包销。

委托代销是债券发行人委托承销商代为向投资者推销债券，并向承销商支付一定比例的手续费。该种发行方式要求承销商按合同约定的时间和条款，向投资人代销债券，合约发行期满时，所有未能售出的债券可全部退还给发行人，代理机构没有认购债券的义务。可见，代销过程中，承销商不承担任何的风险，而发行人除了承担全部风险以外，还必须承担手续费用。因此，只有信用程度高、普遍被看好的债券才会选择这种方式。

全额包销又称承包发行。代理发行机构在债券公开发行之前用自己的资金全额购买债券，然后通过债券市场转售给其他投资者，承销过程中的一切风险和费用都由承销机构承担。全额包销按照不同的形式可分为银团承销、协议承销和俱乐部承销。银团承销是最为常见的一种形式，由主要的承销机构牵头，若干个其他承销机构参与，所有的承销机构组成银团，可降低发行成本和承销风险，而承销费用率则根据承销份额确定。我国首只碳债券采用的就是银团承销的形式。协议承销则是通过协议将全部债券份额委托给单个承销机构，发行风险和转售风险都由该承销机构承担。该种方式下发行债券的额度和承销商实力都需要慎重考量。俱乐部承销是若干承销机构合作发行债券的形式，包销费、份额和风险都由承销机构平均分摊。后两种承销方式在碳债券的发行中较为少见。

余额包销又称助销发行。承销商担当辅助发行人的角色，承销商与发行人订立合约，在合约截止日期之前由承销商推销债券，如债券发售不完，则剩余部分由承销商全部认购或按等量资金向发债人贷款，保证债券全部完成发行。余额包销的方式相较于全额包销，承销商仅承担部分风险，且发行人可以按照计划筹得全部的资金。

发行人在间接发行方式的选择上，需要考虑一系列的因素，主要是市场情况、发行费用和发行周期等，代销方式在市场较好的情况下使用，且发行费用低，发行周期较长；全额包销由于其发行费用较高，一般在市场表现较差的情况下使用，能够为发行人缩短发行周期；余额包销能够为发行人提供促进作用，发行费用较为适中，在市场表现不存在较大波动的情况下使用，发行周期改善较小。

碳债券的发行方式除了直接发行和间接发行之外，还可以根据是否有担保品分为信用发行和担保发行；按定价方式不同分为平价发行、溢价发行和折价发行；按认购对象的不同分为公募发行和私募发行等。

6.1.2.2.2　碳债券的发行程序

碳债券的发行程序与普通债券基本一致，需要经历发行申报、向主管部门报批和发行实施三个阶段。

（1）碳债券发行前期准备阶段

发行碳债券的目的是为低碳项目筹措资金，合理地应用资金促进项目运营并获取预期收益。因此，发行申报准备阶段必须收集分析一系列关于项目背景、公司财务状况、运营水平的材料，客观、准确、完整地体现碳债券发行的可行性，并评估投资项目的经济效益和预测还本付息情况。可行性评估的科学性将直接决定债券发行计划能否被批准。此阶段要求承销商、会计师事务所、信用评级机构和律师事务所的参与。具体内容如下：

第一，召开项目启动会。项目启动会是碳债券项目正式启动的标志性事件，特别是对公司债券而言。前期沟通中，发行人与主承销商对债券相关事宜基本达成一致意见，并确定了会计师事务所、评级公司和律师事务所等相关机构。

除各中介机构外，项目启动会一般需由公司董秘，主管财务工作的副总，财务部、证券部、法律部负责人，主要业务部门负责人参加。主要讨论事项包括碳债券发行时间表、各参与机构的分工合作方式以及项目执行过程中的沟通、重大事项决策机制等。

第二，尽职调查现场访谈。尽职调查现场访谈的目的主要是对于发行主体和相关项目的基本情况进行记录、核实并作出评估。一般由承销商、评级公司提供访谈提纲，通过与发行人的管理层及主要职能部门、业务部门、企业（项目）负责人等进行当面访谈，从而对企业（项目）的管理与经营情况、管理人员与业务人员的素质等有所了解，面谈一般在2~3天时间内完成。会计师开展审计工作，对企业（项目）运营的财务状况予以审计。

第三，拟定尽职调查清单。尽职调查清单的参考材料是由承销商、评级公司、律师事务所提供资料清单，由董事会办公室、项目主管办公室以及财务部等相关部门按时间进度提供书面材料。尽职调查清单由中介机构于启动会后提交给发行人，重要书面材料一般要求发行人于1周内反馈，中介机构将根据发行人提供资料情况再次提交补充尽职调查清单。

第四，完成工作底稿和材料撰写工作。工作底稿是发行人提供给主承销商的各项资料，将作为申报文件用以支持申报文件中的相关论述，并由备案审核部门审核。工作底稿制作由主承销商负责，将贯穿于全部申报准备阶段，也是申报准备阶段的最终成果。除此之外，还需要签署各项协议文件，包括承销协议、受托协议、债券持有人会议规则、担保协议等。中介机构须撰写承销协议、募集说明书。律师机构出具法律意见书。

（2）向债券主管部门申报审查阶段

任何国家和政府发行主体发行碳债券都必须经过相关管理审批机构的审批，未经允许不能擅自出售任何形式的碳债券。在将发行申报阶段的全部材料和工作底稿定稿之后，按规定将申请文件报送相关管理机构，如发行碳债券申请书、营业执照、上级主管部门证明、可行性报告、信用评级材料、财务报表以及要求的其他材料。不同类型的碳债券采用不同的审核方式，在我国首只碳债券为中期票据采用注册制，而中小企业私募债对应备案制，公司债券和企业债券对应核准制。

申报后的备案阶段的重点工作要求主承销商与主管单位持续跟踪和沟通，保证碳债券的顺利备案。除此之外，这一阶段还有一项较为重要的工作就是寻找潜在投资者。

（3）碳债券发行实施阶段

在取得发行权以后，发行主体就可进入发行实施阶段。此时的工作重点在于发行推荐和发行时机的确定，需要发行人与主承销商积极配合。发行推荐过程中，主承销商正式寻找本期债券投资人，并充分沟通，积极推荐企业。主承销商的销售实力与寻找潜在投资者的能力直接相关，会对公司最终融资成本产生影响。在相关机构备案后一定时期内，发行人可择机发行债券。通过主承销商对市场走势的判读来确定最佳时期，以较低成本发行本期债券。不同性质的碳债券，其发行场所也不一样，在我国中小企业私募债对应交易所、证券公司，公司债券对应交易所竞价系统，企业债券对应银行间市场和交易所，中期票据和短期融资券对应银行间市场。

6.1.2.2.3　碳债券的交易方式与程序

碳债券的交易市场是指买卖已发行债券的市场，又称二级市场或次级市场。债券交易市场中债券持有人提供能够按市价出售的债券，同时为新的投资者提供进入碳债券投资的机会。交易市场的存在增强了债券的流动性，为具有中长期性质的碳债券发行提供了后续偿还的资金保障。

碳债券的交易市场功能主要表现在：一是化短为长，促进债券合理价格的形成；二是调节资金供需关系，引导资金的流向。碳债券交易市场主要包括场外交易市场和场内交易市场，目前我国碳债券的交易市场为银行间债券市场，属于场外交易市场。

（1）碳债券的交易方式

普通债券的交易方式主要有现货交易、期货交易、期权交易和回购协议交易四种类型。对碳债券市场而言，最主要的两种形式为现货交易与回购协议交易。

①现货交易

现货交易是指在达成成交协议之后，债券的买方和卖方在当日或者较短期限内达成交割的交易方式。交割是交易双方钱券两清的行为，又被称为交收。但实际上，债券的交易从成交到最后交割清算，总会有短期内的拖延。通常，根据交割时间的长短，分为当日交割、次日交割和特约日交割。

当日交割是指债券买卖双方在交易达成后，于成交当日进行债券和款项的收付，完成交收行为。次日交割是债券的买卖双方在交易达成后，于成交的下一营业日进行券款的收付，完成交收。特约日交割是债券的买卖双方在交易达成后，约定在未来某段时间内的某一个特定的契约日进行交割。

②回购协议交易

回购协议交易是指以债券回购协议为交易对象的交易类型。回购协议要求债券的卖方在出售债券进行融资的同时，作出向债券的买方在约定期间后按一定价格买回债券的承诺。

对买方而言，相当于买入现货、卖出期货的交易行为，又称逆回购交易；对卖方而言，相当于卖出期货、买入现货的交易行为。回购协议交易的本质就是以债券为抵押的一种融资行为。回购协议的利率是由交易双方按照回购的期限、货币市场的利率水平以及债券的信用等级等因素确定，与债券的票面利率并无确切的联系。回购的期限有长有短，最短的为隔日回购，最长的为1年左右。对碳债券而言，回购协议多发生在碳企业债券中，企业出于对自身利润分配政策的控制，而订立了回购协议。

（2）碳债券市场价格形成机制

碳债券市场价格形成机制包括公开竞价制度、询价交易制度和点击成交制度。

①公开竞价制度

公开竞价制度是指对申报的每一笔买卖委托，买卖双方都可以提出购买意愿。碳债券交易所通常采用公开竞价制度，买卖双方为双向竞价，具体为卖方和卖方之间、买方和买方之间以及买卖双方之间竞价。计算机交易系统按照"时间优先、价格优先"的原则撮合买卖，形成成交价格。买卖以两种情况产生成交价：当最高买进申报与最低卖出申报相同时，该价格即为成交价格；当买入申报高于卖出申报或卖出申报低于买入申报时，申报在先的价格即为成交价格。

②询价交易制度

询价交易是指交易双方自行协商确定交易价格以及其他交易要素的交易方式，包括报价、格式化询价和确认成交三个步骤，一般适用于大额交易。报价包括意向报价、双向报价和对话报价三种报价方式。意向报价和双向报价不可直接确认成交；对话报价经对方确认即可成交，属于要约报价。意向报价是指交易成员向全市场、特定交易成员或系统用户发出的，表明其交易意向的报价。受价方可以根据意向报价方发送对话报价，进行格式化询价。双向报价是指交易成员向全市场发出的、同时表明其买入/卖出或融入/融出意向的报价。交易成员可就双向报价产品和资产支持证券发出双向报价。双向报价产品是交易系统事先设定部分交易要素的标准化报价品种。对话报价是指交易成员为达成交易，向特定系统用户发出的交易要素具体明确的报价，受价方可以直接确认成交。报价之后，由交易成员与对方相互发送的一系列对话报价所组成的交易磋商过程，达成成交意愿后即进一步成交，而未能确认成交的则宣告交易结束。

③点击成交制度

点击成交是指报价方发出具名或匿名的要约报价，受价方点击该报价后成交或由限价报价直接与之匹配成交的交易方式。在点击成交制度下，报价方式包括做市报价（双边报价）和点击成交报价（单边报价）。做市报价是指报价方就某一券种同时报出买入和卖出价格及数量的报价。做市商可对其设定的做市券种进行双边报价。点击成交报价是指报价方就某一券种报出买入或卖出价格及数量的报价。受价方输入的交易量小于等于点击成交剩余报价量的，按受价方输入量成交；受价方输入的交易量大于点击成交剩余报价量的，按点击成交剩余报价量成交。限价报价是指报价方发出的单边买入或卖出报价，该报价不向市场公开，可自动与符合成交条件的点击成交报价成交。限价报价量小于等于点击成交剩余报价量的，按限价报价量成交；限价报价量大于点击成交剩余报价量的，若限价报价方允许报价量拆分成交，则限价报价可与多个点击成交报价成交，直至限价报价量成交完毕，若限价报价方不允许报价量拆分成交，则交易不能达成。

（3）碳债券的交易程序

碳债券的交易场所既包括场内交易市场，也包括场外交易市场。场内交易市场是以交易所为平台的市场，比较有代表性的为伦敦证券交易所（London Stock Exchange，LSE）、纽约证券交易所（New York Stock Exchange，NYSE）。场外交易市场是基于较为松散的市场体系建立起来的，也是碳债券交易的主要场所。对我国而言，碳债券主要在银行间债券市场流通。

①碳债券场内交易程序

在交易所内部，交易程序都是由交易所立法规定，具体交易流程包括委托、成交、清算交割和过户。

委托：在场内债券市场中，所有的投资者都具备相关交易账户资格。投资者开立账户后，不能直接参与债券的买卖，而是与经纪人建立交易委托代理关系，这是普通投资者进入场内市场必经的程序，也是碳债券交易的必经程序。

在确立委托关系之后，投资者就可以向经纪人发出"委托"指令，一般可采用电话委托和当面委托两种形式。具体的委托办理遵循以下流程：首先，与经纪人办事机构取得联系；其次，填写委托书，确定委托意愿（委托数量和委托价格）；再次，将委托书信息传递给经纪人的相关交易员；最后，交易员代替投资人执行委托内容。

成交：执行委托内容之后，通过市场交易制度促成既定价格、既定数量债券的成交。碳债券场内市场采取公开竞价的方式进行。公开竞价中，买卖双方为双向竞价，即买方与买方之间、卖方与卖方之间以及买卖双方之间的竞争，直至申报价格一致时，达成交易。此时，遵从"时间优先"和"价格优先"的原则，即较高的买入价优于较低买入价，较低卖出价优于较高卖出价，并在同等申报条件下，按委托指令的先后顺序达成交易。

清算交割：碳债券的清算是对同一经纪人公司在同一交割日对同一种债券的买卖相互抵消，确定最后需要交割的债券余额和应当交割的价款余额，然后按照"净额原则"办理债券和价款的交割。目前，"净额原则"普遍被国外市场采用，具体而言，一般由清算机构在闭市之后，依据当天"场内成交单"记载的经纪商买入和卖出某种债券的数量和价格，计算出应收应付价款相抵的净额以及各债券相抵后的余额，编制当日"清算交割表"，并在规定的交割日办理交割手续。

交割时将债券所有权由卖方向买方让渡，将价款由买方向卖方转移。按照交割日不同可以分为当日交割、普通日交割和约定日交割三种。其中，T+1交割是债券交割的主要形式。

过户：债券的所有权从一个所有者转移到另一个所有者名下。碳债券原所有人在完成清算交割后，可携过户通知书和债券到经纪公司处。在手续齐全的情况下，原债券所有者相应的债券数额会被注销，同时在其现金账户上会增加这笔交易款项。对于债券的买方,其证券账户会增加相应的债券数量,现金账户上减少总价款。

②碳债券场外交易程序

从国际经验来看,碳债券交易中绝大多数都是依托已有的债券交易系统进行,场外交易市场也是其主要的参与场所。由于交易制度有所不同,场外交易市场的交易程序与场内交易市场的交易程序略有不同,场外交易市场碳债券交易程序包括提出买卖意愿、成交、清算交割和过户。

提出买卖意愿:在场外交易市场中,投资者可以采用自营买卖或代理买卖的形式进入市场。自营买卖时,投资者将个人买卖意愿传递给做市商。代理买卖时,在确立与代理机构委托关系之后,投资者就可以向做市商发出“委托”指令、对买卖债券的数量和报价进行描述,再由代理人代为执行委托指令。

成交:在做市商交易制度下,做市商作为报价主体,报出买价和卖价。并按其提供的价格接受投资者的买卖要求,以其自有资金和债券与投资者进行交易,从而为市场提供即时性和流动性。投资者在买卖意愿和报价符合做市商所提出的双向报价和债券余额时,即可达成交易。

清算交割:碳债券的清算是对做市商、证券公司以及投资者在同一交割日对同种债券的买卖相互抵消,确定最后需要交割的债券余额和应当交割的价款余额,采用“净额原则”办理债券和价款的交割。这一步骤由清算机构在闭市之后完成。计算出应收应付价款相抵的净额以及各债券相抵后的余额,编制当日“清算交割表”,并在规定的交割日办理交割手续,并依照“清算交割表”中的汇总数据完成结算。

过户:债券和资金的所有权从一个所有者转移到另一个所有者名下,债券所有权由卖方向买方过渡,价款则反方向转移。原债券所有者相应的债券数额会被注销,同时在其现金账户上会增加这笔交易款项。

6.1.3 碳债券产品设计与价值评估

6.1.3.1 碳债券的设计原则和流程

6.1.3.1.1 碳债券的设计原则

（1）规模适量原则

规模适量原则要求碳债券发行人在确定发行债券规模的时候处于适度的水平。适度的水平可以从两个层面来考量：一是根据低碳项目或企业每期投入的资金量与既有资金的缺口，确定举债的总体水平，或根据总体项目或企业投入资金总量，平摊到各个生产阶段，再扣除预期可投入资金数得出；二是从公司资本结构安全性考虑，债务资本占举债公司的资本结构维持在国家规定范围之内，将财务风险有效控制。

（2）成本合理原则

成本合理原则要求碳债券的发行人在设定票面利率和相关条款的同时，考虑资金成本，以及对投资者的吸引力，将票面利率保持在合理范围之内。在资金成本方面，考虑债券期限、市场利率、信用等级和利息支付方式等客观参数，以及项目方或企业的资金承受能力等主观因素。在投资者吸引力方面，既可以通过参考具有相同等级的债券发行情况，也可以通过市场调查了解投资者的需求情况，来保证投资者取得适当的报酬。

（3）联动低碳资产原则

碳债券的核心特征是将债券收益与项目运行状况挂钩，因此在设计时要考虑与低碳资产的联动问题，使得项目运行状况越好，债券收益越高，从而引起投资者进入减缓和适应气候变化项目的积极性。联动低碳资产有多种形式可选，设置浮动利率累进区间，根据收益水平分档进行调整；设置浮动利率调整方程式，根据收益水平和调整系数进行调整；将浮动利率与碳交易指数挂钩等。

6.1.3.1.2 碳债券的设计流程

完整的碳债券产品设计流程主要包括市场需求分析、可行性分析和产品设计。

设计流程承接着发行程序，在此之后通过市场营销，债券进入发行市场，继而进入二级市场流通。同时，由债券市场反馈的产品交易数据，也为碳债券产品的下一步再设计或增发提供参考资料。

（1）市场需求分析

碳债券产品设计的首要工作是完成设计目标的确定，即通过了解客户的预算约束和成本约束，从中提炼出具体的、可操作性的目标。这有赖于充分的市场调研与需求分析。具体而言，对产品的目标市场群进行市场细分与定位，如进行风险偏好、目标客户群的收入情况等划分。根据客户的需求以及对市场潜力、销售前景等因素的判断，发行商才能规划出碳债券产品的开发思路，设计差异化的结构性产品。

（2）可行性分析

可行性分析通常是由碳债券发行商的产品设计部门完成，是对市场调研和市场需求信息的汇总和提炼。根据所取得的客户需求、产品建议等信息，综合成本收益、政策监管、市场前景、风险管理和营销宣传等因素，设计、开发相应的产品结构。

这一阶段，发行商除了负责结合理论与实际市场情况完成对产品定价、收益测算、风险属性评估等以外，还要负责与市场部门协同进行可行性分析、产品风险等开发论证工作，并最终形成产品说明书及可行性分析报告。

（3）产品设计

碳债券产品设计阶段是产品合约形成的关键阶段，具体包括产品结构设计、产品定价、风险收益特性分析、产品结构参数设计和标准化。

产品结构设计是在政策约束、市场约束和技术约束条件下，对于产品是复合还是单一形式，复合的程度有多深等问题进行评估和选择。一般而言，产品结构越简单，交易双方的信息越对称，越容易被市场所接受。

产品定价是最关键的设计环节，应用债券定价的基本原理和特定条款的定价方法，对相应的产品作出合理评估。风险收益特性分析是对已定价的新产品进行风险收益特征分析，情景分析法、VAR方法和数据模拟法是常用的分析方法。在完成产品定价和风险收益特征分析后才能够对具体的产品参数进行设定。还有一个重要环节就是标准化，对交易单位、计价单位、信息披露、交割方式、期限、仲裁机制等进行标准化，为债券交易提供便利。

6.1.3.2 碳债券的设计思路

债券的设计既要满足资金筹措需求，又要满足投资者的回报要求。不同的经济金融环境和不同的资金报酬来源，对债券的设计有不同的要求。

通常，债券产品设置的基本思路主要是从期限结构、利率决定、担保条件等基础条款着手。对碳债券而言，它是以可再生清洁能源为目标的债务融资工具，其核心特点是债券的设计应与CDM项目收益挂钩。

（1）与碳减排项目挂钩

碳债券的设计思路中，将碳债券与项目本身的实际收益、回收期、项目资产及折旧、企业现金流等情况挂钩，结合项目的实际收益、回收期、项目资产及其折旧，确定碳债券的利率、期限结构、债券担保、利息支付方式等债券主要条款。此外，在甄别项目时，应优先考虑发行国家、世界主流社会所倡导的、在技术和经济等方面都优秀的、能够经过有效的核证减排认证程序的节能减排项目。

（2）考虑嵌入低碳资产

嵌入低碳资产的债券，更加集中于可再生能源行业。其主要有两种方式：一是碳债券设计根据低碳企业股本结构、银行信贷比例等情况，进行合理的期限结构、利率水平设定，引导并调动更多的低碳资金尽快进入低碳经济领域，参与碳减排事业和利益分享；二是碳债券承载不同形式的碳金融资产，如以债券作为基础，构建利率产品，构建附带核证减排额指标（CER）产品，构建附带低碳企业股票转换权的可转换债券等，或者将到期交付碳资产实物和到期交付碳资产行使权利嵌入到碳债券合约中。

（3）采用灵活交割方式

交割方式包括实物交割和现金交割。在实物交割的情况下，碳债券在设定到期日按每张碳债券交付一定数量的核证减排量（CERs）；在现金交割的情况下，交割的对象是该数量指标所对应的市场价值，该市场价值由预先设定的计算方式确定。采用灵活的交割方式，能够考虑到期交付碳资产和到期交付碳资产相应的对价。到期交付碳资产是指在碳债券条款设定的交付日期交付指定的碳资产，包括排放权指标、行使购买排放权指标的权利等。灵活的交割方式赋予债券持有人选择的权利，从而可以减少和降低交割风险，提高债券流动性。

（4）增加与其他市场的关联度

碳债券设计的市场定位有很多选择。从内容上来看，与碳债券相关的资产有很多，债券合约条款也很多，碳债券可以设计成复杂的债券型资产组合，以碳债券作为媒介连通债券、CER 的现货、期货、期权等市场，以其为依托衍生出其他种类的关联性产品。从形式上来看，碳债券可以简单设计成企业债券，也可以设计成新型绿色债券。根据低碳企业股本结构、银行信贷比例等情况，进行合理的期限结构、利率水平设定，引导并调动更多的低碳资金尽快进入低碳经济领域，参与碳减排事业和利益的分享过程。

综上所述，除了传统的分期付款债券、一次性还本付息债券可以运用到碳债券的设计中以外，其他债券类型如可转换债券、分离交易债券、抵押债券等仍可以适用于碳债券。国际上正在研究中的运行模式包括碳零息抵押债券、碳常规抵押债券，以及与通货膨胀或者碳排放价格相关联的碳指数关联债券。

6.1.3.3　碳债券设计方案

碳债券的产品设计方案主要针对以下四个基本要素展开，即债券期限、债券面值、票面利率和债券价格。基本要素是通过权衡发行人自身的运营状况的主观因素和市场运行情况的客观因素确定的。针对每个要素的含义和对债券发行交易的影响，有不同的参考要点。

6.1.3.3.1　碳债券期限确定

碳债券的期限决定了资金的使用期限，即资金获得偿还的期间长短。因此，发行人确定碳债券发行期限通常要考虑资金的运用周期、资金市场利率走势和碳债券市场的流动性。

具体而言，对于资金运用周期的考量，在于预估债券关联项目的开发期间以及资金运用周期，并保证债券期限与项目资金运行周期相匹配。既可以采用债券期限覆盖整体项目运行期间的形式，也可以采用多次发行债券以使得债券期限总和与项目运行期间对等。对于资金市场利率走势的预测，有助于控制资金成本，如果预期利率下降，则应考虑采用发行短期债券的形式，反之则发行中长期债券。对于碳债券市场流动性的测度，可采用具有相同或相似信用等级碳债券在市场中的交易频率作为参考，债券交易市场流动性越低，应尽量考虑发行短期债券，如中广核风电在国内发行的首单"碳债券"，其发行期限为5年。

6.1.3.3.2 碳债券面值确定

碳债券的面值相对于其他基本要素而言，其设置弹性最小。而面值的设定一般考虑既有的设定惯例和投资者的可接受度。

设定惯例是从以往相同债券或同类债券的发行经验中总结得出的，是多次调整后得出的最为适宜的绝对数。如果发行的债券没有既有的惯例可循或者需要作出相应的调整，那么投资者的可接受度将成为需要考虑的核心问题。投资者的可接受度决定了碳债券是否能够有效发行，是否能在流通市场获得足够的流动性，是否对投资者有吸引力。投资者的可接受度可以通过承销商对发行人的会谈调研报告来确定，或以对二级市场的流动性预测结果作为参考。目前，碳债券的面值一般较大，如世界银行2013年发行的绿色债券，债券面值为1 000美元。

6.1.3.3.3 碳债券票面利率确定

碳债券票面利率受发行债券本身的性质、期限、信用等级、利息支付方式以及对市场供求状况等因素的影响，同时发行人需要权衡自身能力和投资者的可接受度，在不违反相关主管部门规定的前提下确定。具体而言，有以下七个要点：

第一，债券的期限因素。碳债券的期限越长，票面利率就越高；反之，期限越短，票面利率就越低。由于债券偿还期限越长，资金占用的期限越长，因此潜在的风险水平就越高。这些风险包括信用风险、利率风险和宏观经济风险等，而投资者承担的风险越大，就需要越高的利率给予回报。

第二，市场利率水平因素。市场风险水平包括银行储蓄利率水平和流通市场上其他债券的利率水平。如果当前货币供应量偏紧，市场利率可能会逐步提升，银行存贷款利率及其他债券的利率水平较高，此时债券发行人应考虑制定较高水平的票面利率；反之，债券发行人就可确定较低的债券票面利率。

第三，债券信用等级。债券的信用等级是对债券发行人背景、关联项目质量等因素的综合化评定指标，能够在一定程度上代表发行人到期支付本息的能力。信用等级越高，意味着投资人承担的风险水平越低；反之，信用等级越低，投资人承担的风险就越高。

第四，挂钩资产或项目的运营状况。碳债券的核心特征就是将债权的利率与相关的资产或项目相挂钩，以项目产生的现金流作为债权还本付息或利息浮动的保证，现金流的大小会直接影响到投资者的收益水平。在其他条件一定的情况下，与运营状况预期较好的资产或项目挂钩，投资的风险相对较小，债权的票面利率可设置更低的数值；反之，如果运营状况预期较差，票面利率就要设置更高的数值。

第五，利息支付方式。利息支付方式包括折扣利息、本息合一等。折扣利息，即通过以低于债券票面额的价格进行发行（即贴水发行），到期后按票面额进行支付，其中的折扣额即为持券人的利息。本息合一，即通过债券到期后的一次还本付息来支付利息。采用不同的利息支付方式，对投资人的实际收益和发行人的筹资成本都有着不同的影响。一般情况下，单利计算的债券票面利率应该高于按复利计算的票面利率；一次还本付息的票面利率应高于分期还本付息的票面利率。

第六，投资者的接受程度和发行人的承受能力。一般来说，高的票面利率更能够吸引投资者踊跃购买，但会增加发行人利息偿还的压力，使得筹资成本增加；而票面利率过低，则不能充分吸引投资者，阻碍债券的发行。因此，在确定债券的票面利率时，发行人必须评估投资者的接受程度（特别是目标投资者），并根据自身的成本承受能力，加以权衡比较，决定利率水平。

第七，主管部门的相关规定。碳债券的票面利率反映了实际的低碳项目或企业融资市场的供需关系。为了稳定金融市场秩序、保持金融市场的融资结构以及配合相关的宏观调控政策，通常会给票面利率的设置框定范围，采用直接政府指导利率或设置最高上限的形式。干扰票面利率设置的国家行为更多出现在市场较不完备的发展中国家，而在欧美国家，其管制较为宽松。

6.1.3.3.4 碳债券价格确定

碳债券的价格包括发行价格和交易价格。其中，交易价格是由二级市场或流通市场上的供需关系决定的。因此，碳债券设计中价格的确定实际上是发行价格的确定。发行价格往往受到碳债券票面利率和市场利率水平的直接影响，票面利率的核算方法在产品设计之初就已经决定，而市场利率随行就市的变动将使得碳债券发行价格的确定复杂化。

一般来说，如果实际发行时市场利率低于碳债券的票面利率，那么按票面额发行会使得实际收益率高于市场收益率，此时债券发行人的筹资成本增加；反之，如果实际发行时市场利率高于碳债券的票面利率，那么投资者实际收益水平低于市场收益率，此时债券也就失去了吸引力。因此，需要根据两种利率的现实差异和金融市场的变化趋势，并在考虑期限、发行方式、付息方式等因素的同时，对价格进行调整。发行价格的基本计算公式为：

$$p_i = \frac{p_f \times (1 + i \times T)}{1 + r \times T}$$

式中，P_i 为发行价格，P_f 为债券的面额，i 为票面利率，T 为偿还期限，r 为市场利率。

总体来说，碳债券的发行价格参照债券的内在价值，根据不同的计息方式和不同的条款界定，其具体的内在价值都会有所不同。当市场利率水平和碳债券的票面利率比较接近时，一般会以债券的面额作为发行价格，发行价格与市场利率水平成反比。

6.1.3.4 碳债券价值评估方法

碳债券价值的评估是一项高度系统化的工作，遵循收益现值和实际变现的原则，且对于不同形式的债券采用相异的评估方法。

6.1.3.4.1 碳债券价值评估的原则

碳债券发行品种中绝大部分均为中长期债券，在价值评估中须遵循收益现值原则和实际变现原则。

（1）收益现值原则

碳债券价格最终取决于发行主体的盈利状况，投资者购买债券的主要目的在于获取收益，由此评价或评估债券的价格，就需要把债券的预期收益折现。在该原则下，对于债券收益的准确估计，在于对发行主体的信誉、经营状况、财务状况和盈利能力等进行综合分析。

（2）实际变现原则

债券的价格是通过收益水平来确定的，但是在允许债券作为金融产品在市场上流通的情况下，其价格也会受到供给、需求和投机等因素的影响。此时，对债券的评估需要随行就市，不能排除市场的实际变现情况对债券估值的影响。

6.1.3.4.2 碳债券的价值评估方法

碳债券价值评估主要采用现行市价法和收益现值法。在评估非上市流通的碳债券时，通常侧重于收益现值原则；在评估上市流动的碳债券时，通常侧重于实际变现原则。

（1）现行市价法

采用现行市价法评估债券价值源于流通债券的高流动性。交易价格的高低取决于投资者对债券的评价、市场利率和宏观经济因素等，不需要考虑操纵市场、垄断和过度投机的行为。在较为有效的市场中，债券的市场价格基本能够反映债券的内在价值，因此可以用现行市价法评估碳债券的价值。随着债券规模的增大，投资者的分散程度增加，采用市场价格作为评估价值的准确度逐步提高。

债券的价格是预期未来可带来现金流的现值，受折现率的影响。当采用平价发行的形式时，以初始面值作为发行价格，此时的票息率等于折现率（市场利率）。通常情况下，债券发行后实际市场利率会不断变化，二级市场中的价格也会发生相应的变化。当市场利率下降时，债券的价格上升；当市场利率上升时，债券价格下降，市场利率和价格呈反向变动的关系，这是金融和经济领域一个变化的基本规律。同时，债券价格的变动程度还与到期日有关，离债券到期日越远，其价格的变动越大。

值得注意的是，由于债券交易存在不止一种方式，且存在几种交易价格，评估时一般按交易所公布的卖出价为其重新估值。债券在流通市场流转，其出售的实际价格取决于债券的实际收益和当时的利率水平，用公式表达为：

$$p = \frac{R}{i}$$

式中，p为债券的市场价格；R为债券的收益额；i为市场的利息率。该价值为债券的内在价值，可能和现实的交易市价有差距，存在差距时，该价值就作为债券的重估价值。

（2）收益现值法

收益现值法评估债券价值的原理：一是估计未来收益的现金流量；二是选取合适的折现率。未来收益的现金流量与债券的利率、还本付息的方式、距离债券到期日的时间等因素密切相关；不同种类的碳债券具有不同的计算方法。折现率又称必要收益率，包括无风险收益和风险价值补偿。折现率在债券资产的评估中具有举足轻重的作用，直接决定资产评估价值的大小。

6.2 碳资产抵质押融资

6.2.1 碳资产抵质押融资概述

抵押和质押是《中华人民共和国民法典》体系下两种常见的担保方式，具体运作方式为：债务人或者第三人在特定财产上为债权人设立抵押权或质押权，当债务人不履行债务时，债权人可依法将担保财产折价或者以拍卖、变卖该担保财产所得的价款优先受偿。而抵押与质押的不同之处主要在于，抵押项下债务人或者第三人不将抵押财产转移给债权人占有，而质押项下，债务人或第三人需要将质押财产转移给债权人占有（股权、知识产权和财产权等除外）。

在碳金融的背景下，碳资产抵质押（Carbon Assets Pledge）融资是指碳资产的持有者（即借方）将其拥有的碳资产作为质物或抵押物，向资金提供方（即贷方）进行抵质押以获得借款，到期再通过还本付息解押的融资合约。

抵质押基础交易架构已经较为成熟，碳资产抵质押融资是我国推行力度最大的碳金融产品。控排企业可以利用闲置的碳资产以相对较低的利率获得融资，因此碳资产抵质押也是最受市场欢迎的碳金融产品。目前，国内的碳资产抵质押主要为碳配额抵质押，这是因为核证减排量的抵质押实践较少。

碳资产抵质押在我国的实践由来已久。2014年9月，湖北宜化集团以碳配额作为质押担保，获得兴业银行4 000万元的贷款，成为国内首笔碳配额质押贷款业务；2014年12月，华电新能源技术开发公司在广东省以碳配额作为抵押获得浦发银行1 000万元融资授信，成为国内首笔碳配额抵押融资业务。但与远远走在前面的实践相比，碳资产抵质押在立法层面的发展却是相对滞后的。在我国物权体系下，抵押权和质押权都属于担保物权，不同的担保财产对应不同的担保方式和担保设立方式，而碳资产作为抵质押的标的，其法律属性还未有定论。鉴于我国物权客体仅限于动产、不动产以及法律特别规定的财产性权利，作为一种既非动产也非不动产的无形资产，碳资产目前处于一种"不被认可"的尴尬境地。但结合碳资产的性质以及目前的实践，碳资产宜被法律认定为一种可以作为物权客体的财产性权利。一方面，根据《碳排放权登记管理规则（试行）》第三条的规定，碳配额持有人将通过全国碳排放权注册登记系统登记其对碳配额的持有、变更、清缴和注销等信息。注册登记系统记录的信息是判断碳配额归属的最终依据。《温室气体自愿减排交易管理暂行办法》也规定国家自愿减排交易登记簿用于登记经备案的自愿减排项目和减排量，记录项目基本信息及减排量备案、交易、注销等有关情况。可见碳资产的持有人对碳资产享有直接支配和排他的权利，而且碳资产持有人对碳资产有占有、使用、收益、处分的权利，这符合所有权的性质。另一方面，碳资产具有经济效益和财产价值，可以作为交易标的，在税务和会计处理上碳资产已经被认可为一种无形资产。

6.2.2 碳资产抵质押融资的发展

国外商业银行能够提供基于碳排放权、CER质押融资及减碳项目的或有资产融资。例如，巴黎银行在减排项目完成CDM或JI登记后，可以将项目的未来减排量卖出收益进行质押，提供质押贷款，在项目实现减排后，可继续提供碳排放权、CER质押贷款。

（1）国内首单碳排放权质押贷款业务

2014年，湖北省发展和改革委员会等相关部门向湖北宜化集团有限责任公司（以下简称宜化集团）及下属子公司核定发放碳配额400万吨，配额市值8 000万元。2014年9月9日，兴业银行武汉分行、湖北碳排放权交易中心和宜化集团三方签署了碳排放权质押贷款和碳金融战略合作协议，宜化集团利用自有的210.9万吨碳排放配额在碳金融市场获得兴业银行4 000万元质押贷款，该笔业务单纯以国内碳排放权配额作为质押担保，无其他抵押担保条件，成为国内首笔碳配额质押贷款业务。

（2）国内首单碳排放权抵押贷款业务

2014年12月24日，国内首单碳排放配额抵押融资业务落地广州大学城。广州大学城华电新能源公司以广东省碳排放配额获得浦发银行500万元的碳配额抵押绿色融资。

该笔业务由广碳所作为业务支持机构，配合广东省发展和改革委员会出具广东碳配额所有权证明，广东省碳排放配额注册登记系统进行线上抵押登记、冻结，并发布抵押登记公告。放款成功后广碳所每周为浦发银行提供盯市管理服务，严格管理业务风险。

（3）国内首单外资碳排放权抵押业务

随着我国金融业的对外开放和碳排放权交易市场的正式启动，外资企业也开始参与到我国的碳排放权抵质押融资业务中。

2021年8月2日，新加坡金鹰集团与建设银行广东省分行在广州签署了《碳金融战略合作协议》和《碳排放权质押贷款合同》，金鹰集团以20万吨碳配额作为质押，获得建设银行提供的1 000万元贷款支持。

全国碳排放权质押贷款难点及解决方案：部分商业银行仅在人民银行动产融资统一登记公示系统公示，未在碳排放权注册登记部门进行备案，其碳配额实际上仍可以被交易，未对该资产采取有效风险控制措施。商业银行可以在碳排放权注册登记机构对质押碳排放权进行锁定管控，进行"双质押"。在盘活企业碳资产的同时，严格规避操作风险和处置风险。2021年8月27日，农业银行湖北省分行为湖北三宁化工股份有限公司发放碳排放权质押贷款1 000万元，实现首笔在全国碳排放权注册登记结算机构（以下简称"中碳登"）备案的排放权质押贷款。该笔贷款在人民银行动产融资统一登记公示系统办理质押登记和公示，并在"中碳登"进行了备案，率先打通了全国碳排放注册登记结算系统备案等关键环节，有效规避了质押操作风险。

地区碳排放权质押贷款难点及解决方案：碳排放权作为质押品，目前还存在基本法律概念未厘清以及立法滞后的问题，无法作为主要抵质押品，因此相关部门需要加强碳市场顶层法律设计，同时允许结算银行入场交易；省级市场还需主管部门与地方人行出台相关碳排放权质押贷款管理办法，完善碳市场配额发放的连续性，探索碳排放权。2021年2月21日，农业银行湖北省分行为黄石市海富高钙有限公司发放500万元由湖北碳市场碳配额和不动产组合的抵（质）押贷款。

6.2.3 碳资产抵质押融资实施流程

（1）碳资产抵质押贷款申请

借款人向符合相关规定要求的金融机构提出书面的碳资产抵质押融资贷款申

请。办理碳资产抵质押贷款的借款人及其碳资产应符合金融机构、抵质押登记机构以及行业主管部门设立的准入规定。

（2）贷款项目评估筛选

贷款人对借款人进行前期核查、评估、筛选。

（3）尽职调查

贷款人应根据其内部管理规范和程序，对碳资产抵质押融资贷款的借款人开展尽职调查。借款人通过碳资产抵质押融资所获资金原则上用于企业减排项目建设运维、技术改造升级、购买更新环保设施等节能减排改造活动，不应购买股票、期货等有价证券和从事股本权益性投资。

（4）贷款审批

贷款人应根据其内部管理规范和程序，对进行尽职调查人员提供的资料进行核实、评定，复测贷款风险度，提出意见，并按规定权限报批后作出对碳资产抵质押融资贷款项目的审批决定。贷款额度根据贷款企业实际情况确定。

（5）签订贷款合同

通过贷款审批后，借贷双方签订碳资产抵质押贷款合同。

（6）抵质押登记

贷款合同签订后，借款人应在登记机构办理碳资产抵质押登记手续，审核通过后，向行业主管部门进行备案。

（7）贷款发放

贷款发放时，贷款人须按借款合同规定如期发放贷款，借款人则需确保资金实际用途与合同约定用途一致。

（8）贷后管理

贷款发放后，贷款人应对借款人执行合同情况及借款人经营情况持续开展评估、监测和统计分析，跟踪借款人资金使用情况及还款情况。

（9）贷款归还及抵质押物解押

借款人在完全清偿贷款合同的债务后，和贷款人共同向登记机构提出解除碳资产抵质押登记申请，办理解押手续。借款人未能清偿贷款合同的债务，贷款人可按照有关规定或约定的方式对抵质押物进行处置，所获资金按相关合同规定用于偿还贷款人全部本息及相关费用，处置资金仍有剩余的，应退还借款人；若不足偿还的，贷款人可采取协商、诉讼、仲裁等措施要求借款人继续承担偿还责任。

以中国建设银行为例，企业在向银行办理碳资产抵质押融资时，需要通过建设银行对公营业机构或接洽对公客户经理办理，全流程可分为以下六个步骤：

①申请：企业可以向建设银行各级对公营业机构提出碳金融业务申请。

②申报审批：经建设银行审查通过后，将与企业协商一致的融资方案申报审批。

③签订合同：经审批同意后，建设银行与客户签订借款合同和担保合同等法律性文件。

④质押登记：在政府有权部门指定的碳排放交易有权登记机构办理碳排放权质押登记手续。

⑤贷款发放：落实贷款条件并发放贷款。

⑥还款：按合同约定方式偿还贷款。

6.2.4 碳资产抵质押融资业务风险分析

6.2.4.1 碳资产抵质押融资业务风险种类

（1）担保方式风险

碳资产抵质押融资的担保方式主要有质押和抵押两种，不同的担保方式对借贷双方的权利义务和风险承担有不同的影响。质押方式下，碳资产的所有权仍属于借款人，但其处分权和收益权转移给贷款人，借款人违约时，贷款人可以直接处置碳资产以清偿债务。抵押方式下，碳资产的所有权、处分权和收益权仍属于借款人，但其需在登记机构办理抵押登记，借款人违约时，贷款人须通过法律程序才能处置碳资产。因此，对借款人来说质押方式更有利于快速获得融资，但也更容易失去碳资产；而对贷款人来说抵押方式更有利于保障其担保权益，但也更增加了处置碳资产的成本和时间。

（2）碳资产价值不稳定

碳资产的价值取决于碳市场的供需关系和价格波动，受到政策、技术、环境等多种因素的影响。如果碳市场出现大幅度的价格波动或者政策调整，可能导致碳资产的价值大幅度下降或者上涨，从而影响借贷双方的利益和风险。例如，如果碳市场价格下跌，则借款人可能会面临还款压力或者违约风险；如果碳市场价格上涨，则贷款人可能会面临担保物不足或者损失机会成本的风险。

（3）参与资格被限缩

目前，我国碳市场尚未形成统一的规则和标准，各地区对于碳资产抵质押融资的主体资格、登记机构、交易平台等有不同的要求和限制。这可能导致部分金融机构或者企业无法参与碳资产抵质押融资，或者面临较高的交易成本和法律风险。

（4）登记机构未统一

目前，我国尚无专门针对碳资产抵质押融资的相关法律规定，各地区在实施过程中主要依据地方政府或监管机构的意见执行，缺少一个统一的标准和制度。这导致了不同地区在碳资产抵质押登记的机构、程序、要求等方面存在差异，不利于商业银行出台有关碳资产抵质押融资的业务规则，也不利于借贷双方维护自身合法权益。

6.2.4.2　碳资产抵质押融资业务风险管理

（1）建立健全碳资产抵质押融资的准入制度

明确借款人和碳资产的资格条件，对借款人的信用状况，碳资产的来源、数量、价格、有效期等进行审查和评估。

碳资产抵质押融资的准入制度，就是金融机构在提供碳资产抵质押融资服务时，需要制定规则和标准，来确定借款人及其碳资产是否可以参与业务，以及参与时需要满足哪些条件，保证业务的安全和有效，避免出现不良贷款或者碳资产流失的风险。

具体来说，金融机构在制定准入制度时，需要考虑以下三个方面：

一是借款人的资格条件。金融机构需要对借款人的基本信息、信用状况、还款能力等进行审查和评估，以确定借款人是否有资格申请碳资产抵质押融资。一般来说，借款人应该是符合国家和地方政策要求的重点排放单位或温室气体减排项目开发单位，具有良好的信誉和偿债能力，没有违法、违规或者诉讼纠纷等不良记录。

二是碳资产的资格条件。金融机构需要对碳资产的来源、数量、价格、有效期等进行审查和评估，以确定碳资产是否适合作为质押物或抵押物。一般来说，碳资产应该是由主管部门分配或核证的碳排放权配额或国家核证自愿减排量，具有明确的权属、流转和处置规则，具有较高的市场价值和流动性，具有较长的有效期限。

三是参与业务时需要满足的条件。金融机构需要根据碳市场的价格波动和借款人的还款能力，确定合适的贷款额度和质押率，以及其他相关的利率、期限、担保方式等合同条款。一般来说，贷款额度和质押率应该根据碳资产的价值和风险进行动态调整，避免过度融资或担保不足。同时，借款人应该按照金融机构和登记机构的要求，完成相关的申请、登记、证明等手续。

（2）建立合理的贷款额度和质押率

根据碳市场的价格波动和借款人的还款能力，确定合适的贷款额度和质押率，避免过度融资或担保不足。

碳资产抵质押融资的贷款额度，就是金融机构愿意借给借款人的最大金额，它受到借款人的还款能力和碳资产的价值等因素的影响。贷款额度越高，借款人可以获得的资金越多，但也意味着还款压力越大。因此，金融机构需要根据借款人的信用状况、收入水平、负债情况等，评估借款人的还款能力，确定一个合理的贷款额度，既要满足借款人的融资需求，又要保证借款人能够按时还本付息。

碳资产抵质押融资的质押率，就是金融机构根据碳资产的市场价值，确定的可以作为质押物或抵押物的比例，它反映了金融机构对碳资产风险的承受程度。质押率越高，借款人可以用较少的碳资产换取较多的贷款，但也意味着碳市场价格波动对借款人的影响越大。因此，金融机构需要根据碳市场的价格波动和政策动态，评估碳资产的价值和风险，确定一个合理的质押率，既要提高碳资产的流动性和利用效率，又要保证碳资产能够充分覆盖贷款风险。

建立合理的贷款额度和质押率，是碳资产抵质押融资业务风险管理的重要环节。如果贷款额度过高或者质押率过低，可能导致借款人出现过度融资或者担保不足的情况，增加了借款人和金融机构的违约风险。如果贷款额度过低或者质押率过高，可能导致借款人无法满足融资需求或者损失碳资产价值，降低了借款人和金融机构的收益水平。因此，金融机构需要根据市场情况和借款人情况，动态调整贷款额度和质押率，实现风险与收益的平衡。

（3）建立有效的风险监测和预警机制

定期监测碳市场的价格变化和政策动态，及时调整贷款额度和质押率，对可能出现的违约风险进行预警和处置。

碳资产抵质押融资的风险监测和预警机制，就是金融机构在提供碳资产抵质押融资服务时，需要建立一套系统和流程，及时发现和处理可能影响业务安全和效益的风险因素，保护金融机构和借款人的利益，避免出现重大损失或者纠纷。

具体来说，金融机构在建立风险监测和预警机制时，需要考虑以下三个方面：

一是碳市场的价格变化。金融机构需要定期监测碳市场的价格波动情况，分析其对碳资产价值和贷款风险的影响，及时调整贷款额度和质押率，以保持合理的风险覆盖水平。同时，金融机构需要根据价格变化的情况，向借款人发送风险提示信息，提醒借款人注意市场风险，并采取相应的措施，如补足担保物、降低贷款额度、提前还款等。自2013年碳市场试点以来，我国碳市场呈现波动大、区域差异明显、碳价整体走低的特点。2013年10月，深圳碳交易所碳价达到150元/吨高位，此后一路走低至24元/吨。重庆碳排放交易所碳价在2016年内从3元/吨回升至50元/吨，而后在2017年跌至1.1元/吨，价格波动区间难以预测。区域碳价之间差异也较大，2017年5月北京碳市场碳价为51元/吨，而同期重庆碳市场碳价仅为1.1元/吨。受碳排放履约日的影响，碳价呈现履约日前回升、履约日后回落的基本行情，但由于碳配额发放宽松、自愿减排项目大量签发，碳价呈现整体走低趋势。碳价波动增加了碳资产抵质押价值计量的不确定性，若碳资产在抵质押期间价值缩水，则碳资产抵质押贷款风险大大增加。

二是碳市场的政策动态。金融机构需要密切关注碳市场的政策动态，分析其对碳资产权属、流转、处置等规则的影响，及时调整业务策略和合同条款，以适应政策变化。同时，金融机构还需要根据政策变化情况，向借款人发送政策更新信息，提醒借款人注意政策风险，并采取相应的措施，如变更质押物、延长期限、解除合同等。

三是违约风险的预警和处置。金融机构需要建立违约风险的预警指标和处置程序，及时发现和处理可能出现的借款人或碳资产方面的违约行为。一般来说，违约风险的预警指标包括借款人的信用评级、还款记录、财务状况等；违约风险的处置程序包括催收、诉讼、执行等。金融机构在发现违约风险时，应该及时与借款人沟通协商，寻求合理的解决方案，并根据合同条款和法律规定，采取必要的措施，如收回贷款、处置碳资产等。

（4）建立完善的碳资产抵质押登记制度

碳资产抵质押登记制度，就是金融机构在提供碳资产抵质押融资服务时，需要与专业的登记机构合作，将碳资产的权属、流转、处置等信息进行登记和备案，以便于对碳资产进行管理和监督。这样做的目的是保证碳资产的真实性、有效性和安全性，避免出现碳资产的重复使用、转让、冻结等问题。

建立碳资产抵质押登记制度时，需要考虑以下四个方面：

一是登记机构的选择。金融机构需要选择具有相关资质和经验的登记机构，如碳排放权交易所、清算所、登记所等，与其签订合作协议，明确各自的职责和义务，建立有效的沟通和协调机制。

二是登记程序的规范。金融机构需要按照登记机构的规定和要求，完成相关的登记手续，如提交申请表、合同文本、碳资产证明等材料，支付登记费用，接受审核和确认等。

三是登记信息的更新。金融机构需要及时向登记机构报告碳资产抵质押融资业务的变更情况，如贷款额度、质押率、期限、利率等，并根据登记机构的反馈，及时调整业务策略和合同条款。

四是登记信息的查询。金融机构需要定期向登记机构查询碳资产抵质押融资业务的登记信息，如碳资产的权属、流转、处置等情况，并根据查询结果，及时发现和处理可能出现的问题或风险。

（5）建立多元化的风险分散机制

通过与其他金融机构或专业机构合作，开展碳资产回购、碳资产托管、碳保险等业务，分散风险承担，提高风险应对能力。

碳资产抵质押融资的风险分散机制，就是金融机构在提供碳资产抵质押融资服务时，需要与其他金融机构或专业机构合作，开展一些可以降低或转移风险的业务，以减轻自身的风险承担，提高风险应对能力。这样做的目的是增强金融机构和借款人的信心和动力，促进碳资产抵质押融资业务的发展和创新。

具体来说，金融机构在建立风险分散机制时，可以考虑以下三种业务：

一是碳资产回购。金融机构可以与其他金融机构或专业机构签订回购协议，将碳资产作为质押物，向对方借入现金，以增加自身的流动性和稳定性。同时，金融机构可以约定在一定期限内，按照约定的价格和利率，将碳资产买回，以保证自身的收益和控制权。

二是碳资产托管。金融机构可以与其他金融机构或专业机构签订托管协议，将碳资产交由对方保管、管理和处置，以减少自身的运营成本和风险。同时，金融机构可以约定在一定条件下，享有碳资产的收益分配、信息查询、监督检查等权利。

三是碳保险。金融机构可以与其他金融机构或专业机构签订保险协议，将碳资产或碳资产抵质押融资业务的部分或全部风险转移给对方，以获取风险保障和赔偿。同时，金融机构可以约定在一定期限内，按照约定的保费和赔付率，向对方支付保费或接受赔付。

6.2.5　碳资产抵质押融资的合作机制

我国的碳资产抵质押融资的合作机制是由政府部门、碳排放交易登记机构和第三方评估机构协同建立的。

政府部门主要负责制定碳排放总量控制、配额分配、监测报告、核查认证等相关政策和规范，为碳资产抵质押融资业务提供法律依据和制度保障，加强对碳市场的监管和指导，维护市场秩序，防范金融风险。

碳排放交易登记机构是指由政府有权部门指定的负责碳排放权交易登记、清算、结算等服务的机构，如湖北碳排放权交易中心、广州碳排放权交易所等。碳排放交易登记机构要为企业和银行提供碳排放权的登记、转让、质押等服务，保证碳资产的真实性、合法性和流动性。

第三方评估机构是指具有专业资质和能力的为碳资产抵质押融资业务提供价值评估、风险评估、信用评级等服务的机构。第三方评估机构要为企业和银行提供客观、公正、专业的评估报告，帮助双方确定合理的融资额度、利率、期限等条件。

6.3 碳资产回购

6.3.1 碳资产回购概述

6.3.1.1 碳资产回购定义

回购是一种短期资金融通方式，是指借款人与贷款人达成协议，借款人将持有的股票、债券、票据及其他权利凭证出卖给贷款人以获得融通资金，并约定在一段时间后按协议价格购回所出卖的标的物。一笔完整的回购业务通常包括正回购和逆回购两次交易，前者是借款人卖出标的物获得资金的过程，后者是借款人购回标的物归还资金的过程。

2022年4月12日，中国证券监督管理委员会发布《碳金融产品》金融行业标准，明确了碳资产回购的定义为碳资产持有者（借方）向资金提供机构（贷方）出售碳资产，并约定在一定期限后按照约定价格购回所售碳资产以获得短期资金融通的合约。

6.3.1.2 碳资产回购参与人

配额卖方：向碳市场其他机构交易参与人出售碳配额，并约定在一定期限后按照约定价格回购所售碳配额的一方，通常是重点排碳单位或其他碳配额持有者。这样做的目的是解决短期资金需求，同时保留碳配额的所有权，以便在未来履行减排义务或获取更高的收益。

配额买方：从碳市场其他机构交易参与人购买碳配额，并约定在一定期限后按照约定价格出售所购碳配额的一方，通常是金融机构或专业投资者。这样做的目的是获取稳定的收益，同时承担一定的市场风险，以及为碳市场提供流动性和价格发现功能。

交易平台：为配额回购业务提供交易撮合、清算结算、风险管理等服务的一方，通常是碳交易所或专业咨询机构。这样做的目的是规范和促进配额回购业务的开展，同时提高碳市场的透明度和效率。

6.3.1.3 碳资产回购实施流程

（1）协议签订

参与碳资产回购交易的参与人应符合交易所设定的条件。回购交易参与人通过签订具有法律效力的书面协议、互联网协议或符合国家监管机构规定的其他方式进行申报和回购交易。回购交易参与人进行配额回购交易应遵守交易所关于碳配额或碳信用持有量的有关规定。

（2）协议备案

回购交易参与人将已签订的回购协议提交至交易所进行备案。

（3）交易结算

回购交易参与人提交回购交易申报信息后，由交易所完成碳配额或碳信用划转和资金结算。

（4）回购

回购交易日，正回购方以约定价格从逆回购方购回总量相等的碳配额或碳信用。回购日价格的浮动范围应按照交易所规定执行。

6.3.2　碳资产回购的市场结构

碳资产回购业务的市场结构可以分为以下三种形式：

（1）控排企业与碳交易机构之间的碳资产回购

管控单位将碳排放权出售给碳交易机构，并约定在一定期限后按照约定价格回购所售碳排放权，从而获得短期资金融通。这种形式的优点是简单快捷，缺点是存在碳价波动风险和违约风险。

（2）管控单位与金融机构之间的碳资产回购

管控单位将碳排放权出售给金融机构，并约定在一定期限后按照约定价格回购所售碳排放权，从而获得短期资金融通。这种形式的优点是可以借助金融机构的专业能力和信用背书，缺点是需要符合金融监管要求，增加了成本和复杂度。

（3）碳交易机构与金融机构之间的碳资产回购

碳交易机构将从管控单位或其他渠道获取的碳排放权出售给金融机构，并约定在一定期限后按照约定价格回购所售碳排放权，从而获得短期资金融通。这种方式的优点是可以利用金融机构的资金优势和风险管理能力，缺点是需要协调多方利益，增加了交易难度和风险。

6.3.3　碳资产回购风险种类

（1）履约风险

如果碳资产回购交易的双方没有第三方担保或监管，那么就存在一方违约的可能性。例如，出售方不能按时回购配额，或者受让方不能按时返还配额。

（2）价格风险

碳资产回购交易的价格是由双方协商确定的，但是在回购期间，碳市场的价格可能会发生波动，导致双方的收益或损失不同。例如，如果碳排放权的价格上涨，那么出售方可能不愿意按约定价格回购碳配额，或者无法筹集足够的资金回购碳配额，导致违约或损失。如果碳排放权的价格下跌，那么购买方可能不愿意按约定价格出售碳配额，或者无法交付足够的碳配额给出售方，导致违约或损失。

（3）法律风险

碳资产回购交易涉及碳排放权的法律属性、转让方式、登记程序等问题，目前我国还没有出台统一的法律法规来规范和保护，导致回购交易的双方发生权利纠纷或者承担法律责任的风险。例如，碳资产的法律属性不明确，回购协议的效力受到质疑，回购方违约或逃避回购义务，碳资产的登记、转移或处置存在争议等。碳排放权的法律属性不明确，可能导致回购交易的效力、效果和保护方式存在争议；碳排放权的交易规则不统一，可能导致回购交易的程序、方式和条件存在差异；碳排放权的监管制度不健全，可能导致回购交易的监督、管理和惩罚存在缺失。

6.3.4　碳资产回购风险防范

（1）防范碳资产回购业务的履约风险

首先，选择有信誉的交易对手，尽量避免与不熟悉或不信任的机构或个人进行碳资产回购交易。其次，通过交易所等第三方机构进行监管和把控，利用交易所的信用评级、保证金、强制平仓等制度来规范和约束交易双方的行为。再次，签订完善的回购协议，明确约定出售的配额数量、回购时间和回购价格等相关事宜，以及违约责任和救济方式。最后，购买碳资产回购履约保证保险，通过保险机构为碳资产回购交易提供风险保障，一旦发生违约，保险机构将按照合同约定向受害方赔付相应金额。

（2）防范碳资产回购业务的价格风险

首先，选择合适的回购期限，根据碳资产的价格走势和市场预期，合理确定回购时间和价格，避免过长或过短的回购期限造成不必要的风险。其次，采用金融衍生品进行套期保值，利用碳期货、碳期权、碳掉期等金融工具，锁定未来的碳资产价格，规避价格波动的风险。再次，建立价格预警机制，根据碳资产的市场行情和政策变化，及时监测和分析碳资产的价格波动，设定合理的预警指标和阈值，一旦发现异常波动，及时采取应对措施。最后，建立风险共担机制，通过签订合同或协议，约定双方在碳资产价格波动时的权利和义务，明确风险分担和补偿方式，实现风险共担和利益共享。

（3）防范碳资产回购业务的法律风险

首先，选择合规合法的交易平台和交易参与人，遵守交易所和主管部门的相关规则和要求，确保交易的合法性和有效性。其次，明确协议中的权利义务和风险分担，包括回购时间、价格、方式、违约责任等条款，避免合同中存在流质或处分碳资产的约定，防止合同被认定为无效或无名合同。再次，及时办理碳资产的登记、备案、转移等手续，按照交易所规定执行价格浮动范围，保证交易的顺利进行和完成。最后，建立有效的监督机制，对交易过程进行实时监测和记录，及时发现并处理可能出现的问题或纠纷。

6.4 碳基金

6.4.1 碳基金概述

碳基金是指由政府、金融机构、企业或个人投资设立的专门基金，致力于在全国范围购买碳信用或投资于温室气体减排项目，经过一段时间后给予投资者回报，以助力改善全球气候问题。从广义上来说，碳基金包括碳基金、项目机构（也称碳机构）以及政府购买计划三种投资载体。碳基金是碳市场环境下金融创新的需求，特别是在碳市场发展的早期阶段，碳基金的建立发展在引导控排企业履约、开发碳资产、推动民营企业参与碳排放权交易、推进低碳技术的发展等方面有着深远的影响。碳基金多属于投资基金，从设立目标、运行模式、组织形式等角度来看，碳基金与投资基金都具有高度的一致性。

投资基金是指以信托、契约或者公司的形式，通过发行基金证券，如受益凭证、基金单位、基金股份等，将众多的、不确定的社会闲散资金募集起来，形成一定规模的信托资产，交由专门机构的专业人员按照专业投资技术（如资产组合原理）或经验合理安排投资策略（如分散投资），获取利益后按出资比例分享投资收益的一种投资工具。

全球范围内首只碳基金由世界银行于2000年设立。该碳基金为落实《京都议定书》规定的清洁发展机制（CDM）和联合实施机制（JI），由承担减排义务的发达国家的政府和企业出资，购买发展中国家环保项目的减排额度，从而实现三个重要目标，分别是：增强发展中国家从温室气体减排市场中受益的能力；确保碳金融在致力于全球环境问题的基础上能够贡献于可持续发展；有助于建设、保障和发展温室气体减排市场。

自此之后的20年间，由于碳基金蕴含着巨大的商业机会，越来越多的国家、地区、金融机构等相继出资设立碳基金，在全球范围内开展碳减排或低碳项目的投资，购买或出售从项目中产生的可计量的碳信用指标。国际碳基金迎来了高速发展的黄金年代。

6.4.2　碳基金的运行机制

6.4.2.1　碳基金的运作主体

碳基金的运作主体和其他具有信托关系的基金一样，包括基金发起人、基金管理人、托管人和持有人。

（1）基金发起人

碳基金的发起人是创建基金并引入资本的实体或个人。他们通常是对环保和气候变化问题有浓厚兴趣或有相关经验的人士或组织，他们希望通过投资来推动低碳经济的发展。基金发起人可能是环保组织、企业、政府机构或个人等。

（2）基金管理人

碳基金的管理人负责基金的日常管理和运营。他们通常是专业的投资管理公司或金融机构，具有丰富的投资经验和专业知识。基金管理人负责制定投资策略、选择投资标的、管理投资组合，以实现基金的投资目标。他们还负责监督基金的投资绩效，并向基金持有人报告。

（3）托管人

碳基金的托管人是负责保管基金资产的机构。他们通常是注册的金融机构，如银行或信托公司。托管人负责监督基金的资金流动，包括接受投资者的资金存款和赎回请求，以及保管基金的资产，如股票、债券等。他们还负责核算基金的资产净值，并向基金管理人和持有人提供定期的报告。

（4）持有人

碳基金的持有人是投资基金的个人或实体。持有人通过购买基金的份额来参与基金的投资，并享有基金投资收益或承担投资风险。持有人可以是个人投资者、机构投资者、企业或其他组织。他们可以根据基金的投资目标和风险收益特性，选择参与碳基金的投资，并根据基金的表现来决定是否继续持有或赎回基金份额。

总体来说，碳基金的运作主体包括基金发起人、基金管理人、托管人和持有人，他们各自在碳基金的运作中扮演不同的角色，共同推动基金实现应对气候变化的投资目标。

6.4.2.2　碳基金的投资者

从碳基金的运作实践来看，各类主体参与碳基金投资和交易活动的诉求各有不同，期望从中获得的回报形式也不同。碳基金的主要参与主体包括政府、金融机构、国际组织和机构、中介服务机构、企业和个人。

（1）政府

政府作为碳基金的参与主体之一，通常关注的是环境和社会效益，追求可持续发展和低碳经济的目标。政府可能会通过投资碳基金来支持可再生能源、能源转型和碳减排项目，以推动国家的碳减排和气候变化应对目标的实现。政府期望从碳基金获得的回报形式可能包括环保效益、社会效益和可持续发展效益。

（2）金融机构

金融机构参与碳基金投资和交易活动的诉求通常与金融回报密切相关。金融机构可能会将碳基金作为一种投资工具，旨在获得金融市场上的投资回报。金融机构可能会通过投资碳市场和碳资产，追求资本增值、利润和风险管理等金融目标。

（3）国际组织和机构

国际组织和机构在碳基金中的参与通常与推动全球气候治理和跨国碳市场有关。这些组织可能会通过参与碳市场和碳资产交易，推动全球碳市场的规范化和发展，促进跨国碳减排和气候合作。国际组织和机构期望从碳基金获得的回报形式可能包括全球气候治理效益和环境外交效益。

（4）中介服务机构

中介服务机构在碳基金中扮演着重要的角色，提供碳市场的运作和交易支持。中介服务机构可能通过提供碳市场信息、碳资产评估、碳交易配对和结算等服务，获得交易中的中介费用和服务费用作为回报。

（5）企业

企业可能参与碳基金投资和交易活动，以推动企业社会责任和可持续经营的目标。企业可能会通过投资碳基金来补偿自身的碳排放，推动企业的低碳转型和绿色发展。企业期望从碳基金获得的回报形式可能包括环保形象提升、可持续经营效益和社会责任履行效益。

（6）个人

个人是低碳投资的主体，是相关国家法律规定具有投资于碳基金资格的自然人。投资资格既包括对自然人行为能力的规定，也包括对基金投资门槛的限定。当投资主体从机构投资者扩展到个人投资者时，标志着碳排放权交易市场的日益完善。目前，有少量特定的碳基金向个人投资者放开，允许个人通过交易的形式参与碳基金获取收益。

6.4.2.3 碳基金的运作机制

碳基金作为一种金融工具，其市场运行涵盖了碳基金的发起与设立、发行与认购、上市与交易管理、收益分配等多个环节。

首先，碳基金的发起与设立是市场运行的第一步。碳基金通常由金融机构或投资公司作为主体，经过充分的市场研究和资金筹措，进行基金的设立。在这一环节中，需要明确基金的投资策略、运作模式、基金规模等相关参数，并完成法律法规的合规审查和监管机构的批准程序。

其次，发行与认购是市场运行的重要环节。碳基金发行时需要进行认购，即向投资者销售基金份额。认购过程中，投资者可以根据基金的投资目标、风险特征和预期收益等因素，以及自己的投资需求和风险承受能力来购买基金份额。发行与认购环节需要依法披露基金的相关信息，包括基金的募集规模、投资策略、管理人信息、投资风险等，以便投资者作出明智的投资决策。

再次，上市与交易管理是市场运行的重要环节。一旦碳基金完成发行，并在交易所上市，投资者可以通过交易所进行基金份额的买卖。碳基金的上市交易提高了基金的流动性和可交易性，为投资者提供了更多的投资机会。同时，交易所会对碳基金进行交易监管、信息披露和投资者保护等方面的管理，以确保市场运行的公平、公正和透明。

最后，收益分配是市场运行的重要环节。碳基金的投资会产生投资收益，包括资本利润和投资收益分红等。基金管理人需要按照基金合同的规定，将基金的收益按照一定的方式进行分配，如定期分红或者再投资。收益分配的方式和比例对投资者的投资回报和基金的绩效评价具有重要影响。

6.4.2.4 碳基金的投资策略

碳基金是一种专注于投资碳市场、推动低碳经济发展的投资基金。碳基金的投资策略是基于对不同投资项目的需求和风险承受能力进行安排和配置，包括选择投资项目类型、配置投资项目比例、安排投资周期等。不同种类的碳基金对应不同的投资策略，其中购买信用和风险投资是最主要的策略类型。

购买信用是碳基金的一种主要投资策略。碳信用是指企业或个人通过减少或避免排放温室气体而获得的一种权益证书。购买碳信用是一种市场化的碳减排方式，通常包括购买碳排放配额或通过碳市场购买碳信用。碳排放配额是由政府或国际组织分配的一定数量的碳排放权，碳市场则是碳信用的交易市场，碳信用是在低碳项目中产生的减排证书，代表了一定数量的碳减排量。通过购买碳信用，碳基金可以实现在短期内补偿或抵消自身的碳排放，从而在实现碳减排目标的同时，降低碳税或碳排放交易成本。

碳基金通过购买这些碳信用，帮助企业或个人实现低碳减排目标，并推动碳市场的发展。碳基金通常会选择具有较高的碳信用质量的项目进行投资，以降低投资风险。购买信用策略主要适用于那些碳市场较为成熟、碳信用市场规模较大的地区，如欧洲的欧洲排放交易系统。

风险投资是指碳基金将资金投入于具有碳减排潜力的项目或公司，如可再生能源项目、清洁技术公司等，以推动低碳经济的发展。风险投资是碳基金的另一种重要投资策略。碳市场作为新兴市场，涉及复杂的技术、政策、法律等因素，具有一定的投资风险。碳基金通过投资具有较高成长潜力和技术创新的低碳企业或项目，旨在获得较高的投资回报。风险投资策略通常包括对初创企业或项目进行投资，帮助其进行技术研发、市场拓展和商业化推广等，并在企业或项目成长期实现投资退出，从而实现资本增值。风险投资策略适用于那些碳市场较为不成熟、碳技术较新颖的地区，如亚洲和拉美地区的碳市场。购买信用和风险投资通常结合使用，以便多管齐下地减少碳足迹。购买信用可以帮助碳基金在短期内实现碳减排目标，同时风险投资则为长期碳减排提供了可持续的解决方案。

与此同时，碳基金还可以通过风险投资来推动低碳经济的发展。风险投资通常对创新性的可再生能源项目、清洁技术公司等进行投资，以帮助这些项目或公司获得资金和资源，从而推动其发展并在市场上获得竞争力。风险投资不仅有助于推动低碳技术和解决方案的创新和应用，还可以帮助碳基金获得投资回报，并增加碳基金的影响力和可持续性。

购买信用和风险投资在碳基金中是重要的策略类型，可以帮助碳基金实现碳减排目标，并推动低碳经济的发展。通过多层次、多方位的碳减排策略，碳基金可以在实现环境目标的同时，获得经济和社会效益，并为未来低碳经济的发展作出积极贡献。

除了购买信用和风险投资外，碳基金还可以采取其他投资策略，以促进可持续发展和低碳经济的转型。首先，自愿减排是碳基金的一种投资策略。碳基金可以通过支持企业、项目或个人实施减排措施，从而减少温室气体排放。这包括投资于可再生能源项目，如太阳能和风能，以减少对化石燃料的依赖；支持能效改进，如能源管理和节能技术，以降低能源消耗；投资于碳捕捉和储存技术，以从大气中去除二氧化碳。这些自愿减排投资旨在推动低碳技术的发展和应用，以减缓气候变化并降低碳排放。

碳基金还可以采取混合投资策略。这包括将资金投资于同时具有环境、社会和治理（ESG）因素的企业和项目。环境因素包括对气候变化和自然资源管理的关注；社会因素包括关注人权、劳工权益和社区关系；治理因素包括公司治理和透明度。通过将资金投资于具有高 ESG 标准的企业和项目，碳基金可以在实现环境和社会目标的同时，实现可持续的经济回报。

碳基金还可以通过与企业和政府进行合作，推动碳市场和碳交易的发展。例如，碳基金可以与企业合作，协助其制定和实施碳排放减少计划，从而帮助其降低碳排放并符合监管要求。碳基金还可以与政府合作，支持碳交易和碳市场的建立，如碳排放权交易和碳税。这有助于在市场上形成对碳排放的内在经济价值，促使企业和个人更加关注碳减排和可持续发展。

本章习题

1. 简述碳债券的发行机制。

2. 碳资产抵质押融资的流程是什么？

3. 什么是碳资产回购？它的基本原理和流程是什么？

4. 碳资产回购的主要参与方有哪些？各参与方的角色和责任是什么？

5. 碳资产回购的优势和风险有哪些？如何评估和控制风险？

6. 碳资产回购的适用范围和条件有哪些？举例说明一个成功的案例。

7. 请分析碳基金与投资基金的异同，并说明碳基金的优势和局限。

第7章 碳金融产品——交易工具

7.1 碳远期、碳期货和碳期权

7.1.1 碳远期、碳期货和碳期权概述

碳远期、碳期货和碳期权均是建立在碳现货交易市场之上的碳金融衍生交易产品，是碳市场现货交易的补充，也是一种基于传统大宗商品交易创新发展出来的虚拟商品（碳信用）的对冲机制，想要了解什么是碳远期、碳期货和碳期权，首先要了解传统金融工具中远期、期货和期权到底是什么。

期货合约、远期合约和期权交易从交易流程上来看是极为相似的，均为交易双方以合约的形式规定在将来的某一时间购买或者出售某项资产。这三者之间最大的差异是，期权持有者在放弃交易后，不会被强制购买或者出售资产，而期货或者远期合约都是以一种固有形式将未来需要履约的成本约束在合约之中，所以当期货和远期合约到期时，除对冲平仓等场内操作外，均必须履行事先约定的合约义务。

碳远期交易分场内和场外两种模式，而碳远期的场内交易也与期货合约的场内交易有着较大的区别。广义上的碳远期交易，是指交易双方以场外达成的非标准化合约为界定，其中交易价格、数量、交割时间均为交易双方私下商定，两份不同的远期合约，在交易价格、数量、交割时间上大概率不同。碳远期交易在一定程度上可以调节现货市场一定周期内的供需关系，减少价格波动，也可以为交易双方在一定程度内锁定碳信用远期价格波动风险。但是，受制于碳远期交易并不需要在固定场所完成挂牌交易，以及合约可执行完全取决于交易双方的守信程度，所以碳远期交易具有较高的违约风险。

场内碳远期交易与场外碳远期交易最大的不同是，交易双方在私下约定的交易行为将在指定的交易场所内完成挂牌点选交易。挂牌点选交易是指交易双方按照其约定的交易内容在指定的交易场所内将其合约进行挂牌转让，出让方在交易所中设置好交易的数量、价格和交割时间，通过交易所定向或非定向进行公开挂牌，受让方通过交易所受让该合约从而完成碳远期合约的交易。碳远期场内交易的交易方式和模式与碳期货交易还是有很大的不同。碳远期场内交易依然属于非连续性、非标准化交易模式，挂牌转让的标的无法在场内进行连续多次的转让，其流动性依然较差，但其交割的风险会有所降低，交易所可以对交易双方的钱货予以一定的监管和保障。

碳期货交易主要是场内交易这一种模式，碳期货来源于我国大宗商品期货交易模式的衍生，交易所对碳期货合约进行了严格的规定，对碳排放权配额的时间周期、交易周期、交割时间、每手数量、保证金比例等均做了严格的限制，以保障交易标的物的一致性。虽然从技术上讲，期货交易需要实际交割，但实际上很少发生实物交割，交易双方经常在合约到期前平仓，以现金核算盈亏。

7.1.2 碳交易衍生产品的主要目的

碳衍生交易产品的主要目标是套期保值和投机套利，是为了降低现货交易未来预期风险的一种规避方式，参与碳交易衍生产品的市场参与者，期望通过对未来的投资来确保企业在碳市场的保值、增值。碳金融衍生品在碳市场中扮演着重要角色。遵守碳合规计划的公司可以利用碳金融衍生品来履行其义务，并以最具成本效益的方式管理风险。具有间接与碳价格挂钩金融头寸的各种企业也可以利用衍生品。投资者可以利用碳金融衍生品的价格信号来评估其投资组合中的气候转型风险，然后利用流动性池来管理风险，并配置资本，从能源转型机会中获益。碳金融衍生品市场还可以通过衍生品交易的行为、走势、归因等方面，提供有关碳市场的前瞻性信息，发挥提高碳市场透明度的重要作用，并为市场参与者、顶层制度设计者、产业发展政策制定提供以碳市场价格为导向的有益信号。

套期保值是一种用于将未来可能存在的价格风险降低到最低的对冲机制。通过期货市场与现货市场的关联关系，将期货市场的买卖行为当作现货市场转移价格风险的场所，利用期货合约作为将来在现货市场上买卖商品的临时替代物，对其现在买进准备、以后售出商品或对将来需要买进商品的价格进行保险的交易活动。

投机套利是指市场参与者同时买进和卖出不同种类的期货合约，通过两种具有一定关联性但不同类型的期货合约，达到套利的目的，在不同交割时间、价格、保证金要求的不同类型期货产品中开展投资，在进行套利时，投机者最关注的是合约之间的相互价格关系，而不是合约之间的绝对价格水平。

碳期权交易是指交易双方在未来某特定时间以特定价格买入或卖出一定数量碳标的的交易。碳期权的交易方向取决于购买者对碳排放权价格走势的判断。与碳期货一样，碳期权可以帮助买方规避碳价波动所带来的不利风险，具备一定的套期保值功能。碳期权的交易方向取决于购买者对碳排放权价格走势的判断。以CER期权为例，当预计未来CER价格上涨时，CER的买方会购买看涨期权对冲未来价格上升的机会成本，如果未来CER价格上涨，通过行使看涨期权CER买方获得收益从而规避价格上涨风险。期权的购买者能够通过区别购买看涨期权或者看跌期权锁定收益水平。此外，交易双方可以通过对不同期限、不同执行价格的看涨期权和看跌期权的组合买卖来达到锁定利润、规避确定风险的目的。碳期权除了具备碳期货一样的套期保值作用以外，还能使买方规避碳资产价格变动时带来的不利风险，同时从碳资产价格利好中获益。

期权交易弥补了远期交易只保现值，不保将来损益的缺陷。相对于远期交易，期权交易具有较大的灵活性，且对合同持有人而言，当价格对其有利时，便采取不交割的措施，从而使其价格风险损失小于或等于期权费。期权可以是一种相对有效的风险管理工具。期权以期货合约为标的，可以说是衍生品的衍生品。因此，期权既可以为现货保值，也可以为期货业务保值。期权为投资者提供更多的投资机会和投资策略。期权交易中，只有在价格发生方向性变化时，市场才有投资的机会。

7.1.3　碳远期、碳期货和碳期权产生与发展

7.1.3.1　欧盟碳期货交易的发展历程

国际碳市场建立时间较早，基于《京都议定书》框架下的 CDM 项目交易是最初具备交易条件的标的物和初创的碳市场，欧盟碳市场可以算作是最早开始探索创新碳市场交易工具的市场之一。依托欧盟在传统金融市场的基础优势和完善的体制机制，欧盟碳排放权交易体系（EU-ETS）在建立伊始就开展了碳金融衍生品的创新，是当时全球规模最大、覆盖面最广、最具有代表性的碳金融市场。欧盟的碳期货市场是 EU-ETS 的重要组成部分，基于 EU-ETS 框架下运行与发展，所以欧盟碳期货市场整体运行基本与 EU-ETS 达成同步关系。EU-ETS 的碳期货交易规模占欧盟整个碳市场交易规模的 80% 以上，基于目前全球碳市场的交易规模，欧盟碳期货交易市场是世界上规模最大、运行时间最长的碳期货交易市场。

基于期货市场发展规律和底层逻辑，建立一个新的期货市场必须有一个稳定并具备价格发现、定价机制完备的现货市场作为支撑。但是，当欧盟碳期货市场第一份合约上市交易时，欧盟的碳现货市场才刚刚起步，整个市场的发展还处于初级阶段。同时，作为一个期货市场还需要一个能够存储和方便交割的仓储条件，对虚拟权益类标的物 EUA 来说，最重要的就是注册登记系统。我们将欧盟的碳期货市场按照发展阶段进行拆分后可以看出，欧盟在推进现货及其衍生品市场发展中可以划分为两个重要阶段。在 EU-ETS 最初建立时，欧盟碳市场尚未建立统一的注册登记系统，而是建议为每个成员方建立一套独立的注册登记系统。然而，在欧盟碳期货市场同步上线交易时，很多参与方还未拥有该系统。2005 年 4 月 22 日，欧洲气候交易所正式营业并将英国伦敦作为第二家开展 EUA 期货交易的交割交易场所。其首笔交易在英国石油和德国意昂集团之间进行，当日成交量超 108 000 吨，成交价为 16.8~17.4 欧元。而英国的注册登记系统却在一个月后，即 2005 年 5 月正式上线。因此，欧盟碳期货市场建立之初被看作是欧盟为试验碳期货市场的稳定性进行的探索阶段。欧盟碳期货市场的建立为相关履约企业提供了现货对冲机制，也为其他参

与者提供了投机套利的空间，从而为市场运行贡献了大量流动性。

以欧洲气候交易所为例，在合约期限的设置上，自交易所2005年4月上市运营开始，便为参与欧盟碳期货交易的参与者提供了到期日在3月、6月、9月及12月的多种EUA季度或年度合约。从2006年7月21日开始，交易所创新推出了月度连续合约，进一步加强了碳期货的流动性和与现货市场的强关联性，期货交易的套期保值和投机套利功能得到了充分的体现。从市场流动性方面来分析，尽管欧盟碳期货市场初始交易规模不大，但随着制度的不断完善和产品的丰富，其成交量呈现持续上升的态势。从2005年的0.94亿吨飙升至2006年的4.52亿吨，而在2007年更是突破9.81亿吨总量，体现了非常强的市场流通效率和投机空间。

尽管欧盟碳期货市场在EU-ETS的发展中占据重要位置，但是作为碳市场的金融衍生品，现货市场的供需关系对其具有较大影响。

2006年4月25日，法国、西班牙、捷克和荷兰等国家发布了其上一年度经过审核后的年度排放报告，报告中核算的实际碳排放量远低于预期可能排放的总量，导致这些国家和地区的碳排放配额分配结余量超过0.5亿吨。对于当年的现货配额市场，0.5亿吨的总量盈余给现货市场带来了严重的供大于求的影响，导致欧盟碳期货市场价格出现急剧下降。但是，欧盟气候交易所为稳定碳市场现货价格，发布了第一阶段配额不许带入第二阶段使用的政策文件，市场参与者出现大量换仓，导致第一阶段的期货价格不可避免地持续走跌，成交量不断萎缩，造成第一阶段的期货合约彻底失去了交割价值，从而对第一阶段的欧盟碳期货交易带来巨大的损失，这也为其他国家建立期货市场提供了一次宝贵的经验。

7.1.3.2　欧盟碳期权市场发展现状

碳期权市场是从传统期权市场衍生而来的，其结构与传统期权市场高度相似，主要包括市场主体、市场客体、中介机构和辅助机构。碳期权市场主体是参与期权投资的市场参与者，碳期权市场客体主要是指期权类产品，可细分为配额期权、核证减排量期权、温室气体排放配额期权和碳金融期权等。中介与辅助机构主要是经纪商、交易所、结算公司、资产管理公司、金融机构、碳金融服务机构、法律服务机构和评级机构等。碳期权作为在碳期货基础上产生的一种碳金融衍生品，在欧盟碳排放交易体系、区域温室气体减排行动中较为活跃，英国碳市场也已于2023年10月10日推出碳期权产品。

碳期权的主要交易模式与期权市场基本一致，包括保证金制度、持仓和履约制度、大户持仓报告制度和强行平仓制度等。碳期权的主要交易方式也与期权市场基本一致，包括买入看涨、卖出看涨、买入看跌和卖出看跌。受制于金融监管市场的限制，我国还没有真正意义上的碳期权市场建立运营，不管是全国还是试点市场，都不具备开展期权交易的合规条件。

7.1.3.3　我国试点碳市场碳远期交易实践

在我国，由于期货、期权等场内金融衍生品受到《期货交易管理条例》等规定的影响，证监会对场内性质的期货、远期、期权交易，只允许在经过批准的专业期货交易所进行交易。从理论上来说，七大试点碳交易所均不具备期货交易的资格，因此各试点碳交易所均从远期交易产品入手，开展碳金融交易衍生品的创新。广州碳排放权交易所在2016年2月正式发布了《广州碳排放权交易中心远期交易业务指引》，并在2016年3月28日完成了第一单交易。广州碳排放权交易所推出的碳远期交易主要是场外OTC非标准协议产品。受制于政策规定，非标准化协议产品普遍存在的问题，在碳市场依然存在：首先，广州碳市场现货交易活跃度不足，配额履约属性较强，企业参与碳市场交易套期获利的欲望并不强烈；其次，受制于非标准化产品的影响，交易撮合的难度大，市场流通性弱，导致广州试点碳市场期货交易长期处于成交量和笔数低迷的状态。

而湖北和上海推出的碳远期产品均为标准化合约产品，采取的是线上交易、在线撮合的模式，但两个试点在交易模式上还是存在一定的差异（见表7-1），湖北试点采用的是集中撮合交易模式，而上海试点采用的是挂牌点选模式。

表7-1 湖北碳市场现货远期与上海碳市场配额远期的差异

标准化合约要素	湖北	上海
协议规模	100 吨/手	100 吨/个
报价单位	元人民币/吨	元人民币/吨
最低价格	0.01元/吨	0.01元/吨
协议数量	最小交易单位为1手，整数倍递增	交易数量的整数倍，交易单位为个
协议期限	无明确时间节点，一般不超过履约期限	当月起未来1年的2月、5月、8月、11月月度协议
交易时间	交易日9：30—11：30、13：00—15：00	交易日10：30—15：00
最后交易日	履约月份的第十个交易日	到期月倒数的第五个工作日
最终结算日	最后交易日后的第五个交易日	最后交易日后的第一个工作日
每日结算价格	交易收盘前最后五笔成交价的加权平均价，若小于五笔则为当日成交加权平均价	根据上海清算所发布的远期价格确定
交割方式	实物交割/现金交割	实物交割/现金交割
交割品种	有效流通并能够在当年年度履约的碳排放权配额	可用于到期月度协议所在碳配额清缴周期清缴的碳配额

　　集中撮合交易和挂牌点选交易最大的区别在于，集中撮合交易是交易双方在某一个固定场所，同时进行竞价操作，按照价格优先、时间优先的形式自动进行供需匹配完成交易。其中，交易双方可为多个主体在同一个交易场所进行撮合，交易的产品多为同一类型的标的物，流动性较强，也是现在外汇（证券）、期货的主要交易撮合形式。而挂牌点选是买方或卖方在某一个固定场所逐笔提交买卖合约，其标的物和交割周期不一定相同，受让方根据需求自行摘牌，交易连续性较弱，换手频率很低，再次交易或做投资组合的难度较大，不太容易形成价格发现，同时对未来市场走势的预判要求很高，不利于开展套期保值的操作。

7.1.4 碳远期、碳期货和碳期权的实操策略

7.1.4.1 碳远期、碳期货和碳期权与现货市场的对冲关联机制

受制于交易标的的虚拟性，碳金融衍生品是在碳资产的基本框架下衍生出来的交易性金融资产，其交易对象是对基础碳排放权交易主体在未来不同条件下处置的权利和义务，其本身没有价值，只是作为一种合法的权利或义务的证书独立运行的交易机制，能够为产品的持有人带来一定收益，在到期或者符合交割条件时，按照金融衍生品的价格计算收入或者损失。碳金融衍生品具有以下特点：

一是与现货价格的联动性。虽然碳金融衍生品的运行独立于基础产品，但其价值及价格变动规律与原生品密切相关。通常，金融衍生品与基础产品之间的关系由合约内容决定，其联动关系既可以是线性函数，也可以是复杂的非线性函数，甚至是分段函数。据研究表明，碳期货的价格变动规律与碳金融衍生品的价格变动一致性程度较高，而且由于衍生品对价格变动比基础产品更为敏感，因此碳金融衍生品可以作为转移碳原生品价格变动风险的工具，但其也蕴含着巨大的风险。

二是高杠杆性与高风险性。碳金融衍生品交易通常采用保证金制度，即交易所要求交易者必须支付基础产品价值的一定比例的保证金，才可获得衍生品的经营权和管理权。保证金分为初始保证金和维持保证金，当保证金账户余额低于维持保证金时，持有人就会被要求追加保证金待交易到期日时，对碳金融衍生品进行反向交易，对差价进行结算，或者进行实物交割，交付一定数量的保证金，获得基础产品。以较少的资产获取较多的收益，是高杠杆性的突出表现。在保证金制度下，交易者对基础工具未来价格的预期和判断对其盈亏所带来的影响将放大基础产品价格的波动对碳金融衍生品盈亏的不确定性影响，从而引发更高的不确定性。

三是产品设计的复杂性和灵活性。碳金融衍生品是将基础工具、指标、相关资产、期限等通过设定加以组合、复合和分解得出的，其本身构成的复杂性来源于所属基础资产的关联关系的多样性。除此之外，碳金融衍生品因其种类的不同、针对客户群体的不同，其合约的时间、金额、杠杆比例、价格等参数设计相对灵活，可

充分发挥其套期保值的目的。

四是交易目的多重性。碳金融衍生品在交易过程中可发挥避险和投资的功能，从事碳金融交易产品的市场参与主体通常有套期保值、套利和投机的目的。套期保值的投资者通过碳金融衍生品进行市场间的反向操作，实现锁定价格、保证利润的目标；套利者则通过碳金融衍生品在不同市场间、不同品类标的间进行频繁操作，获取收益；投机者纯粹以利润为驱使，买卖标准化的碳金融衍生品合约。总而言之，市场参与者通过转移与该基础资产相关价值变化的风险获得经济利益。

7.1.4.2 碳远期、碳期货和碳期权的投资逻辑

在现阶段金融市场中，主要运用的套期保值投资方式有三种，分别是跨产品套利、跨期套利和跨交易所套利。

套期交易的主要操作模式是通过现货市场和期货市场对同一种类的商品同时进行数量相等但方向相反的买卖活动，即在买进或卖出现货的同时，在期货市场上卖出或买进同等数量的期货，在一定周期内，当现货市场价格变动导致浮动盈亏，可通过期货市场的浮盈进行对冲，从而实现在现在与未来之间、近期和远期之间建立一种对冲机制，以使操作者将价格波动风险降低到最低限度。但期货市场是相对现货市场的独立交易市场，其价格走势还会受到其他要素的影响，因此在实际期货交易中，其价格的波动周期和幅度并不完全与现货价格对等。同时，期货市场对每手的交易单位有明确规定，两个市场交易的数量可能并不对等，导致套期保值者在对冲盈亏时，有可能获得额外的利润或亏损。

在分析期货套期保值的过程中，有几种较为通行的基本定理可以运用。首先是现货-期货平价定理。现货-期货平价定理是建立在现货与期货套期保值的结果是完全的前提条件下，即现货和期货组成的对冲资产组合是无风险的，那么该组合头寸的收益率应与其他无风险投资的收益率相同；否则，投资者就会在价格回到均衡状态之前获得套利机会。基于这一点，我们可以推导出期货价格与标的资产价格之间的理论关系。

现货与期货平价公式：

$$F_0 = S_0(1 + r_f) - D = S_0(1 + r_f - d)$$

式中，d代表投资组合的股息率，D代表资产组合的红利（碳期货投资基金的红利），即D/S_0，S_0代表现货价格，F_0代表期货价格，r_f代表资金购买现货的成本价值。它给出的是在相对正常的市场走势下或理论上正确的现货价格与期货价格之间的对冲关系，这个关系在短期内是可以对投资组合进行高度预测的，特别是分散化的投资组合结构，但对长期性的组合投资而言，受制于多重因素的影响，不确定性较高。

案例：假设一个控排企业根据其投资部战略分析，计划对今年配额履约进行套期保值操作，以单股价格40元，配置了碳市场配额投资基金类产品400万元，或以碳价40元/吨的价格购买10万吨配额现货作为储备。企业进行暂时套期保值以规避市场风险，我们以二级市场基金投资为分析基础，假设该投资基金类产品1年期无风险保值回报红利为5%，即20万元的红利，并在年底支付。我们现在假定年底碳市场价格为50元/吨，如果该企业利用期货空头操作来对其资产组合进行套期保值，则对应年底不同的碳市场价格，该企业的收益也不同（见表7-2）。

表7-2　　　　　　　　　　　企业碳资产投资策略　　　　　　　　　　单位：万元

资产组合价值	360	380	420	440	460
期货空头收益	40	20	−20	−40	−60
红利收入	20	20	20	20	20
总计	420	420	420	420	420

因为市场预判为收敛性的，空头收益基本等于期货建仓价格与年底现货价格的差。当合约到期对冲时，期货价格等于现货价格。基于上述情况，整个期货的头寸都得到了完全的套期保值，投资组合的收益均被期货空头的损益完全抵消了，投资收益的总价值与现货市场的价格关系基本脱节，所以无风险套期保值的收益率为5%，即收益率可以按下面的公式来计算：

完全套期保值的组合收益率 = $[(F_0 + D) - S_0]/S_0$

这个收益率是完全无风险的，F_0 为起初配置期货合约的价格，由此可以判断，5% 也同样适合其他无风险投资的收益结构，否则会面临两种有不同收益率的无风险投资策略，而且这种情况在短期可能存在，但在长期情况下几乎不可能存在。

因为当套期保值市场存在一种合理收益率时普遍存在收益机会，所有参与该市场的投资者都会全面参与进来，结果必然会导致现货或期货的价格上升或下降，所以在完善的市场上是不存在套利机会的。因此，在实际期货投资的过程中，是运用平价定理发现现货与期货市场价格关系背离来寻找投资机会的，而套期保值则是利用平价关系来保障风险最小化的。两种投资机制从底层来讲还是存在较大差异的。

7.2 碳互换和碳置换

7.2.1 碳互换和碳置换概述

7.2.1.1 什么是碳互换

碳互换又称碳掉期，是交易双方依据预先约定的协议，在未来确定的期限内，相互交换一系列现金流量（如本金、利息、价差等）的交易，它是一种与碳资产有关的互换。碳互换是交易双方依据预先约定的协议，在未来一定时期内，按照约定的价格和数量互换不同性质或内容的碳排放权，或者碳排放权与其他真实资产之间的互换。

依据碳互换标的物的不同，碳互换可以分为两种类型：一种是不同性质或不同内容的碳排放权之间的互换，又称碳权互换。例如，配额与核证自愿减排量之间的互换、核证资源减排量与碳普惠量之间的互换，以及配额与碳普惠量之间的互换。另一种是碳排放权与其他真实资产之间的互换，这一类型的互换包括两种形式：一是债务与碳资产互换；二是温室气体排放权之间的互换，如碳排放权与排污权的互换。

7.2.1.2 什么是碳置换

碳置换一般是指将碳排放权配额与核证自愿减排量或同属不同区域的碳排放权配额的互换。碳置换一般是以交易双方签订合约，约定在未来确定的期限内，相互交换等量配额和核证自愿减排信用或其他配额及其差价的交易。碳置换的情况多出现于配额或者核证自愿减排量存在较大价格差异，或者市场参与者对持有资产的一种期望而产生的一种交易模式。

例如，纳入试点碳市场的控排企业手上持有的核证自愿减排量，与投资机构手上持有的试点碳市场配额进行互换。因为试点碳市场的配额流通的局限性，投资机构希望通过手上持有的试点碳市场配额与企业持有的核证自愿减排量进行互换，有利于投资机构将其置换的配额用于其他市场投资获利，或者企业通过置换的形式获取低价履约资产，投资机构进行"融券"行为。

案例1：2017年5月23日，深圳妈湾电力有限公司用持有的碳排放配额与深圳中碳事业新能源环境科技有限公司持有的CCER实现了等量置换。通过在深圳碳排放权交易所耗时4天，完成了交易规模高达68万吨的碳排放配额与CCER等量置换创新交易。

同时，在全国碳市场与试点碳市场并行的现状下，各试点碳市场也在进行一种新的置换模式的探索。在全国碳市场不断完善、试点碳市场不断萎缩的现状下，各试点碳市场均开展了试点配额与全国碳市场配额置换的探索工作。

该模式的主要参与者是在两个市场均有投资行为的碳金融机构，包括不限于控排企业、碳资产管理公司、投资机构和基金公司等。其核心目的是增强碳金融机构在两个市场资产配置上的灵活变通。

案例2：一个钢铁制造企业拥有一家自备发电厂并同属一个法人主体下，根据全国碳市场和试点碳市场的要求，其钢铁制造部分参与试点碳市场的配额履约和交易，自备发电部分纳入全国碳市场履约。假设自备发电厂有结余配额量，钢铁制造企业需购买配额来履约，那么该企业可以通过与碳金融机构开展碳置换交易，将全国市场结余的配额置换成试点市场的配额，又因全国碳市场的体量、市场参与者、价格均高于试点碳市场，该企业开展碳置换交易时可以要求碳金融机构进行非对等的等价交换，这时在置换的过程中该企业可能存在一定的收益。

7.2.2 碳互换和碳置换的优势和劣势

7.2.2.1 碳互换的优势和劣势

（1）碳互换的优势

碳互换的优势体现在碳信用产生、风险控制、筹资融资、价格发现和促进节能降碳绿色发展五个方面。

①推进碳减排项目实施，开发碳减排资产优势

碳互换交易作为碳市场的衍生金融产品，具有促进碳减排行为，产生碳信用的优势，通过促进碳减排行为的进一步拓展，不断产生碳信用。这也是碳互换交易最基本、最首要的优势。例如，在债务与碳信用的跨资产互换交易中，债务方按照债权方的要求，将资金投入到可以产生碳减排量的项目中，促进债务方碳减排项目的碳信用的产生。又如，在温室气体排放权互换交易中，投资方资助碳减排项目，使得受益方的碳减排项目可以正常实施，并产生出足够的碳信用。

②风险转嫁，场外对冲优势

碳市场风险主要表现为碳交易价格风险，碳资产的价格不仅与能源市场高度相关，而且与一国的政治环境和极端气候等息息相关。不同国家、不同行业、不同投资者受到的影响不同，风险承受能力也不相同，所以需要通过碳金融市场来转移和分散风险。碳金融衍生工具是一种新的风险管理手段，可以通过对冲、财务杠杆、套期保值等方式转移和分散风险。碳互换作为一种新型碳金融衍生工具，它的产生和发展也为碳市场的风险管理提供了新的方法和手段。通过碳互换，投资者可以将这种不确定性风险转移给其他愿意承担此类价格波动风险以期从中获益的交易对手，即投资者可以通过碳互换规避风险，锁定自身的成本或者收益。例如，通过发展中国家与发达国家合作的清洁发展机制，发展中国家将碳价格波动的风险转移给发达国家，规避了将来碳价格下降而遭受损失的风险，得到发达国家投资的固定资金和项目带给本国的环境效益，当然发展中国家也放弃了未来碳价格上升可能带来的丰厚收益。

③金融投融资优势

金融衍生工具的出现为企业融资提供了新的手段，各种各样的金融衍生工具满足了企业不同的筹资需要、金融互换。例如，货币互换和利率互换等不仅为企业提供了便捷的筹资方式，而且大大降低了企业的筹资成本。碳互换的出现主要为碳减排项目提供了新的融资方式。在温室效应导致的全球气候变化日益严重的今天，发展中国家也深受其害，尽管发展中国家正积极努力地采取措施缓解环境恶化，但是由于金融市场和资本市场的不成熟导致了其环保项目融资成本过高和融资困难，资金严重不足。通过碳互换，发展中国家可以相应地解决筹资困难的问题。在温室气体排放权互换交易中，发达国家投资者可以为发展中国家的碳减排项目提供资金，解决其融资困难的问题。在债务与碳信用的互换交易中，根据互换合约的规定，保证了债务国的碳减排项目能够获得多样的筹资渠道和充足的资金来源。由于互换交易是一种衍生金融工具的表外业务，其变化并不会引起资产负债表内业务的变化，因此可以在不增加资产总额的情况下增加收益，所以互换成为投资者及时调整资产投资组合的理想选择。碳互换不仅具有互换一般的调整投资组合的功能，而且由于碳互换一般是跨国的交易行为，债权人或投资者在利用自身的专业知识和丰富信息的基础上，通过对碳排放权价格、利率和汇率的准确预测，可以利用碳互换进行投机投资并获取丰厚的利润。

④价格发现优势

虽然碳金融市场上提供碳价格发现机制的主要是碳期货产品的交易，但是碳互换在一定程度上也能够辅助碳价格的发现，碳互换的交易双方在充分收集和分析碳信用供求、价格及其走势相关信息的基础上，根据自身对价格的预测，与交易对手达成碳互换合约。单一的碳互换交易或许并不能准确反映碳信用的价格信息，但是随着碳互换交易不断发展，大量的碳互换交易则能体现出市场参与者对价格的预期，能够对碳期货交易中发现的碳价格进行补充和纠正，在一定程度可以体现出未来碳价格的走势，这就是碳互换的辅助价格发现功能。由此发现的价格通过各种方式传向市场，为生产者、投资者和消费者提供了较为准确的价格信号，基于正确的价格预期，生产者可以作出合理的生产计划，投资者可以作出正确的投资决策，消费者可以作出最优的消费选择，从而使社会资源得到合理有效的配置，提高社会的整体效用。

此外，由于目前全球碳金融市场的发展参差不齐，如欧洲、美国、日本等发达国家的碳金融市场日趋成熟，而我国碳金融市场才处于起步阶段，部分发展中国家甚至还未建立碳金融市场，这样的不平衡性导致了某些碳金融市场扭曲的定价。碳互换一般涉及两个国家或市场，所以碳互换的发展增强了世界各国的碳金融市场之间的联系，促进了碳金融市场间的信息传播和共享，增强了某些碳金融市场的有效性和公平性，从而提高了碳市场正确定价的能力，消除或修正了某些碳市场的错误定价，这也是碳互换辅助价格发现功能的体现。

⑤促进绿色发展的优势

一方面，碳互换交易使发达国家以较低的成本获得了碳信用，实现了企业和国家的减排成本最小化；另一方面，碳互换交易促进了发展中国家或债务国的可持续发展。碳互换交易对发展中国家可持续发展的促进作用主要体现在以下三个方面：第一，发达国家将先进的技术转移到发展中国家，促进了发展中国家的清洁发展技术的进步及清洁能源的开发和利用，减少了对化石能源的依赖程度，改善了发展中国家的能源结构；第二，由清洁发展机制下的发达国家为发展中国家提供资金，通过其形成的投资拉动效应，增加了发展中国家的收入和就业，而在债务与碳信用的互换机制下，外债的部分减免使得本国拥有更充裕的资金发展本国的国计民生，改善本国居民的生活质量和水平；第三，因碳互换交易而进行的碳减排活动，减少了对环境的污染和破坏，一定程度上改善了本国的自然环境。

由此可见，通过碳互换交易，发展中国家的清洁技术得到了进步，能源结构得到了优化，收入和就业得到了提高，环境质量得到了改善。因此，碳互换可以促进发展中国家的可持续发展。

（2）碳互换的劣势

碳互换在实际运用中存在一些不可避免的劣势，包括场外交易、非标结构，不受金融监管，缺乏违约保障等，下面将从三个方面来分析其存在的劣势。

①碳互换的场外交易模式

绝大多数的碳互换交易基本是基于场外交易的模式进行创新，一般在交易所只进行实物方面的定向交割操作，其协议条款、标的物、期限、价格等都以类似于碳期权、碳期货的标准化合约形式进行约定。基于非标准化的合约形式，碳互换合约没有固定的内容和形式，合约的具体内容可以根据互换双方的具体要求进行协商，灵活性相对标准化合约要高出很多；但又受制于非标准化合约，互换双方每次进行碳互换交易，均需要就合约的每项内容进行重复磋商，导致交易周期拖长、交易成本增加。同时，碳互换合约的实物交割是在交易所进行但交易本身无需在交易所发生，交易所对其缺乏相应的保证金制度及会员资格制度，完全履约受制于交易双方的信用水平，所以碳互换交易的实现较为困难。现阶段碳互换交易一般在国家、国际组织或机构层面开展，碳互换交易的全过程会因多方面、多层级的条件和标准的约束，进一步增加交易成本。

②碳互换交易周期较长

互换交易一般期限较长，大多为1~10年，少数交易也有更长的期限，所以互换交易可用在资产负债的长期管理中。而碳互换交易的期限则更长，主要是因为碳互换的执行涉及碳减排项目的开发和建设、碳信用的生产等程序，这是一个漫长的过程。一方面，碳互换涉及的参与者和机构较多，如清洁发展机制涉及的经济主体和机构一般有项目业主、东道国政府、投资者或债权国政府指定的经营实体、清洁发展机制执行理事会等，碳互换交易的进行则需要各个相关主体的批准和审核；另一方面，碳互换中碳减排项目的实施要历经多个程序和阶段，清洁发展机制的碳减排项目一般要经过包含项目识别、项目设计、参与国批准、项目审定、项目注册、项目实施监测、减排量的核查和核证及 CE 的签发等多个复杂程序的周期。项目的开发需经历两个阶段：第一阶段，项目的识别到注册，一般需要1年半左右的时间；第二阶段，项目开始进行监测到签发 CERs，一般需要1年左右的时间，加上项目开始生产减排量后进行互换交易也要经历数年的交易期，由此可以看出碳互换交易的周期较长。

③碳互换政策和履约风险较大

碳互换市场的风险主要来自政策调整和交易履约两个方面。例如，跨国类型的碳互换交易所涉及的资产或者项目，通常涉及多个国家，而相关资产或项目的交易与建设需要满足各国相关法律法规和政策要求后，才可能得以进行。碳互换交易参与国的社会和政治情况也会影响碳互换交易的正常进行。假如在一笔涉及两国债务与碳资产的互换交易中，因某个国家的政局不稳定或环境政策出现重大变动（如退出协议、战争等），其可能不能按照碳互换合约的约定来履行义务。此外，国际政策变化对碳互换市场的发展也会带来巨大的影响。

正如上面所说，碳互换交易属于场外交易，双方在签订互换协议的时候不需要支付任何保证金，从而缺乏对交易双方严格履约的限制。当发生某些大的变化或事件时，出现了不利于交易双方的情况，则交易双方有可能出现违约。所以，碳互换交易的违约风险较大。碳互换的可行性还依赖于双方的交易意愿，其受多种因素影响，具有很大的不确定性。例如，在债务与碳信用的互换交易制度中，首先债权国只有在通过债务换到的收益高于债务未来可能得到的偿付时，才愿意折价出售或减免债务进行互换；其次，债务国政府有意向和资金支持环境保护和碳减排项目，当然其也要求碳互换所得到的收益高于债务重组的债务减免所得到的收益。此外，正如上面所说，由于碳互换交易周期较长，其间各种法律法规的变更、国际环境的变化波动等各种不可控事件的发生，都会增加碳互换交易顺利完成的风险。由此可以看出，碳互换交易从始至终都充满了各种各样的不确定性因素，风险较大。

7.2.2.2 碳置换的优势和劣势

（1）碳置换的优势

碳置换的优势体现在资源配置灵活、风险相对可控、刺激碳市场交易活跃、便于开展国际化交易四个方面。

①资源配置灵活

碳置换是传统金融行业的资产置换的一种标的物替代的创新金融产品，市场参与者在碳市场开展金融投资行为的过程中，一般不会在多个碳排放权或减排市场拥有大量碳信用的储备。而碳置换的出现，可以很好地帮助市场参与者利用各个独立的碳市场中参与者的资产开展碳投资行为。例如，我国试点碳市场相对独立，试点碳市场之间并没有实现数据、制度、交易、清算等体系的统一，试点碳市场均独立运行在所属的辖区内。但我国参与碳市场的投资者大多在各个试点碳市场均有独立交易账号，又因各试点碳市场价格走势、供需关系的不同，投资者在各试点碳市场的资金配置、交易仓位均不一样。当某一个市场出现投资机会时，很多投资者因资金或资产的问题，错失了投资机会。而碳置换的出现，可以很好地解决这类问题。投资者双方在场外达成碳信用资产互换的协议，在场内完成交易，或通过系统的方式直接完成资产的置换，从而提高资源的灵活配置。

②风险相对可控

碳置换的风险相对于其他金融融资手段，风险性并不大，应涉及实物交割环节，而非信用交割。因市场原因导致的碳信用资产互换后的损益，也可通过持续持仓或其他碳金融产品的方式进行资产与资金的转换。举例说明，湖北试点碳市场价格出现缓慢上涨的迹象，投资者经过系统性评估分析得出，未来一段时间湖北试点碳市场配额将会发生一个上涨波段，但该投资者在湖北试点碳市场的配额储备较少，在广州试点碳市场的配额储备较大。又因广州试点碳市场价格保持稳定或缓慢下降的状态，短期不具备出货的可能性。这时该投资者可与在湖北试点碳市场持有配额的机构开展配额置换的谈判，通过置换广州试点碳市场的配额获取湖北试点碳市场的配额。当然，这类置换可以是等价置换，也可以是不等价置换，这取决于置换双方商业谈判的结果。置换完成后，如果市场出现系统性风险导致投资机会丢失，对置换双方而言，配额资产并未注销或损失，可通过三种形式来控制风险：一是通过逆置换形式，对正向置换进行对冲，可以保证资产的保值、增值；二是在市场反向下跌时，可将置换后的配额用于开展碳质押贷款或碳回购业务，融得资金购买配额用于对冲；三是可通过场外期权的形式锁定置换后配额的价值，通过增加持仓时间来对冲可能存在的市场波动，择机选择时机对冲损益。

综上所述，因碳置换金融工具的资产交割是以现货形式即时交割，碳置换金融工具的风险相对碳互换金融工具要小很多，可开展的风险转嫁措施也相对较多。

③刺激碳市场交易活跃

碳置换的出现，对打通强制与自愿碳市场交易、国内不同试点碳市场之间与全国碳市场交易、国际化交易提供了很好的途径。通过培育和发展这类投资机构，利用投资机构逐利的特性，把不同地区的碳市场看作一种独立的标的物，学习和借鉴股票市场的逻辑，将每一个碳市场看作一只股票，可投资的机会就能成倍增加，投资机构自然而然地就会参与到各个碳市场的交易中去。通过调动投资机构的积极性，发挥不同地区碳市场具有明显市场差异的特点，再加上国家推进统一大市场建设的重要环节，所有的碳市场交易都将通过碳置换金融工具的出现，变得更加活跃。

④便于开展国际化交易

国际化交易的痛难点在于不同国家的碳定价机制、配额分配、减排项目开发的标准不统一，各国之间的碳信用现阶段很难做到直接的互换互认，导致各国碳市场相对封闭。欧盟碳关税的出台，对我国出口贸易型企业带来很大的冲击，提高了我国出口产品的成本。碳置换本身就是一种很好的跨区、跨境、跨制度的实时互换路径，不同属性的碳信用定价完全取决于投资机构本身，与各国碳市场制度、规则并不冲突，也不会受到封锁和影响。碳置换金融工具可以很好地帮助此类企业开展国际化碳信用交易来对冲西方国家的封锁机制。例如，某出口贸易型企业已被纳入全国强制碳市场，但因其节能减排效果较好，每年均有富余配额留存，企业与国内某投资机构达成协议，通过全国碳市场配额置换欧盟CBAM指标，用于出口产品的碳关税抵消。因此，相比较出售富余配额换取资金购买CBAM指标，通过置换的形式帮助某投资机构锁定全国市场配额，成本上要低得多。这样既能够帮助某投资机构低成本购入全国碳市场配额，又能够帮助企业出口产品获得较低成本的CBAM指标。发挥投资机构国内-国际联动的效应，可为国内碳配额的碳定价机制建立提供很好的促进作用。

（2）碳置换的劣势

①碳市场政策制度尚不统一

现阶段国内碳市场基本形成了以试点碳市场现货二级市场为主，以碳排放权、核证自愿减排量以及地方碳减排量为产品，及全国碳市场并存的格局，各种碳市场交易制度、交易模式、政策设计、跨区协同存在较大差异，导致试点碳市场与全国碳市场打通的难度较大。同时，我国碳市场制度体系建设与国外碳市场制度体系方面存在较大差异，各国之间的配额和减排量还未达成统一，均处于自主发展阶段，市场运行的稳定性存在不确定性。制约碳置换金融工具的使用效率，只能通过线下协商方式开展，而各市场系统之间尚未打通，系统间配额直接置换划转的方式无法建立，存在置换效率较低、置换成本较高的问题。

②主观风险过高

碳置换金融工具存在主观风险过高的情况，投资机构、企业需要对各类碳市场的制度、交易情况、风险防范措施极其熟悉。因为制度的不统一，定价的差异，对投资机构、企业在通过碳置换的方式降低成本、开展投资方面的分析能力、防控能力要求极高，否则极易出现重大损失。同时，在与各类参与主体谈判的过程中，也存在沟通成本过高，主观意识阻碍置换的情况。

7.2.3 碳互换和碳置换的交易风险

7.2.3.1 碳置换的交易风险

碳置换的交易风险不多，主要是市场风险、信用风险两种。

（1）市场风险

影响碳置换交易最主要的风险就是市场风险，碳市场价格的波动、政策导向和配额发放松紧都会影响市场价格的走势以及判断。同时，碳市场在某种程度上存在一定的信息不对称和信息不透明的情况。碳市场价格受制于政府的决策、配额发放的松紧、市场结余配额的存量控制，这些都会影响碳市场价格波动的区间，也反映了通过碳置换金融工具开展金融投资的主要痛点。

（2）信用风险

碳置换交易涉及两个不同的市场主体，也涉及两种不同的产品或市场，不同市场配额交割时间周期的差异会导致碳置换主体的信用风险。在碳市场价格波动较为平凡、交易较为活跃时，因碳置换是以协议的形式进行约定，所以必然存在劣后原则，交易主体会以交易标的物的实时价格变动与约定价格的损益为导向，拒绝执行置换流程，从而导致出现违约风险。

7.2.3.2　碳互换的交易风险

碳金融衍生品市场中影响碳互换价格的因素很多，主要影响因素可以归纳为远期价格、交易成本、信用风险和环境因素。

（1）远期价格

影响碳互换价格的最主要因素是标的碳单位的远期价格，它影响了碳互换每期所能实现的实际现金流，决定了碳互换的均衡价格。当碳市场上套利机会消失时，远期价格就一定反映了市场对未来价格的预期，由于远期价格因素反映了市场对未来价格的预期，因此在碳互换的定价中假设远期价格在未来会得以实现具有一定的合理性。

（2）交易成本

交易成本是影响碳互换价格的重要因素，由于碳互换交易所涉及的国家和主体较多，且交易的内容、程序都相当繁杂，因此除交易成本较高外，碳互换的参与者要在市场直接找到交易对手是非常困难的，一般要借助第三方，即金融辅助机构的力量，如担任中介角色的金融中介机构、国际金融组织。该类金融中介机构在促成碳互换交易中，一般收取一定佣金和手续费，作为其为交易双方提供信息资源和服务的报酬，这也构成碳互换的部分交易成本。

（3）信用风险

碳互换交易属于场外交易，没有期货交易中的保证金制度作为保障，交易双方可能会发生违约行为，导致碳互换交易的信用风险较高，进而影响碳互换的价格。由于碳互换信用风险的大小与交易对手信用等级密切相关，因此信用风险溢价因不同交易对手而有所不同，一般交易对手信用级别越高，则信用风险溢价越小。此外，信用风险的大小取决于碳互换交易动机。若交易对手是为了投机而参与碳互换，则当市场产生不利变化时，其违约的可能性就会增大，相应的风险溢价也会增长；若交易对手进入碳互换交易仅是为了避险，则违约的可能性就较低，相应的风险溢价也就较小。

（4）环境因素

影响碳互换价格的环境因素一般包括政策环境因素和市场环境因素。政策环境因素主要是指本国政府能不能与其他国家进行碳互换。首先，这一因素取决于本国的政策，若政府鼓励环境保护和可持续发展，则可能会积极促进本国碳互换交易的发展；反之，若政策不支持碳互换交易，也就根本谈不上碳互换的价格问题。市场环境因素主要是指碳市场和资本市场的状况对碳互换定价的影响。若碳市场和资本市场均机制健全且发展成熟，则碳互换的价格就有可能真正反映其供求和预期，可能是合理竞争性的价格。此外，碳互换市场竞争的激烈程度在一定程度上也影响碳互换的价格，若碳市场存在大量的竞争性的经营者或中介机构，他们可能为了获得大批量交易的高额收益而有意降低价格。

本章习题

1.简述碳远期、碳期货、碳期权交易工具的主要区别和应用场景。

2.简述碳互换与碳置换在国际市场运用的前景。

3.简述期货交易模型的定价方式与现货交易模式定价方式的差异和风险。

4.中国碳期货市场建立与欧盟碳期货市场实现打通主要存在哪些方面的阻碍？

5.基于上文介绍的碳期货交易的风险分析模型，如何与商品期货交易市场的分析模型进行关联。

6.中国碳市场与欧盟等西方国家碳市场尚未完全打通的前提下，是否存在跨境互换或置换的实现路径，以及存在的风险有哪些？

第8章　碳金融产品——支持工具

8.1　碳指数

8.1.1　碳指数概述

碳指数是一种衡量产品、服务或活动碳排放程度的指标。它通常基于单位能耗或单位产出的碳排放量，用于评估其对气候变化的贡献和可持续性。碳指数的计算通常涉及对生产和供应链中涉及的能源消耗、温室气体排放和碳足迹的测量和评估。

碳指数的计算方法可以因行业和地区而异，但通常包括对直接排放（如燃烧化石燃料产生的二氧化碳）、间接排放（如电力和热能生产过程中的排放）和其他间接排放（如产品制造过程中的能源消耗和供应链排放）进行估算。碳指数通常使用数值表示，数值越低表示产品、服务或活动的碳足迹越小，对气候变化的影响越小。

碳指数在全球范围内得到了广泛的应用，包括在企业、政府和消费者层面。对企业而言，了解和监测其产品和供应链的碳指数有助于识别和管理气候风险，提高企业的可持续性和环境声誉，满足客户和投资者对环保的需求。对政府而言，碳指数可以作为政策制定和监管的依据，推动企业和产业转向低碳经济。对消费者而言，了解产品和服务的碳指数可以帮助他们作出环保和可持续性意识更强的购买决策。随着全球对气候变化的关注不断增加，碳指数在可持续发展和低碳经济转型中的作用日益凸显。越来越多的组织和个人将碳指数作为评估和比较产品、服务或活动环保性能的重要指标，以推动减排和可持续发展的目标。同时，碳指数的应用也面临一些挑战，包括数据可靠性、标准一致性和监管合规性等方面的问题，需要在不断的发展和完善中不断提升其有效性和可信度。

8.1.2 碳指数编制与计算方法

碳指数是一种用于度量产品、企业、产业或国家等在生产和消费过程中产生的温室气体排放的综合指标。编制和计算碳指数的方法通常包括以下五个步骤：

（1）温室气体排放清单

首先需要收集和整理与产品、企业、产业或国家相关的温室气体排放数据，包括二氧化碳（CO_2）、甲烷（CH_4）、氧化亚氮（N_2O）等主要温室气体。这些数据通常来自于能源消耗、生产过程、运输和废弃物处理等方面。

（2）排放因子

对收集到的温室气体排放数据，需要使用相应的排放因子进行换算，将不同类型的温室气体转换成二氧化碳当量（CO_2e），以便进行综合比较。排放因子通常基于国际公认的科学和技术标准，考虑不同温室气体的温室效应和持久性等因素。

（3）权重分配

对不同的温室气体排放数据和产业或产品的不同环节，需要进行权重分配，以反映其在总体碳足迹中的相对重要性。例如，对于产品的碳指数，可以根据生产、运输、使用和废弃等环节的排放数据，为不同环节分配不同的权重。

（4）数据计算

根据收集到的温室气体排放数据、排放因子和权重分配，可以进行碳指数的计算。通常，碳指数的计算采用加权平均或综合指数的方法，将不同类型温室气体的二氧化碳当量排放值加权求和，再除以总的二氧化碳当量排放值，得到最终的碳指数。

（5）验证和修正

计算得到的碳指数需要经过验证和修正，以确保其准确性和可靠性。这包括对数据源的可靠性进行核实，对排放因子和权重分配的合理性进行评估，以及对计算结果的灵敏性和稳定性进行检验。

需要注意的是，不同的碳指数编制和计算方法可能存在差异，包括在数据来源、排放因子、权重分配和计算公式等方面。因此，在使用碳指数时，应该了解其具体的编制和计算方法，并根据实际情况进行合理解读和比较，以便更好地评估和管理碳排放。首先，数据来源对于碳指数的编制和计算方法至关重要。不同的数据来源可能采用不同的数据集合方法，导致不同的碳排放估算结果。因此，在使用碳指数时，需要了解所使用数据来源的可靠性、准确性和时效性，以确保评估结果的可靠性。

其次，排放因子是计算碳指数的关键参数。排放因子是指单位产品或服务的碳排放量，通常通过对生命周期的排放进行估算得出。不同的碳指数可能使用不同的排放因子，包括直接排放和间接排放，如生产过程中的能源消耗、原材料的采购和运输等。因此，在比较不同碳指数时，需要注意排放因子的一致性和可比性，以确保比较结果的有效性。

权重分配也是碳指数计算的一个重要考虑因素。权重分配是指在计算碳指数时，不同排放源或不同环节的碳排放对总体结果的贡献程度。不同的碳指数可能采用不同的权重分配方法，如根据排放源的温室气体强力、产值、能耗等进行权重分配。因此，在解读碳指数时，需要了解其权重分配方法，并考虑其是否符合实际情况和评估目的。

最后，计算方法也会对碳指数的结果产生影响。不同的碳指数可能使用不同的计算方法，如加权平均法、边际法、分步法等。因此在使用碳指数时，需要了解不同计算方法的适用性和适用范围，以确保评估结果的准确性和可靠性。

综上所述，了解碳指数的具体编制和计算方法，合理解读和比较碳指数，对于有效评估和管理碳排放具有重要意义。需要综合考虑数据来源、排放因子、权重分配和计算方法等因素，以确保碳指数的使用在实践中能够更好地指导和促进碳减排行动。

以湖北碳交易价格指数为例，本指数选取湖北碳排放权交易市场成交数据为样本，提取最近90个交易日的协商议价与定价转让两个维度的碳配额总成交额及总成交量，计算现货加权平均值作为价格源。指数结果等于最近90个交易日的协商议价与定价转让两个维度的碳配额总成交额及总成交量之和，再除以总成交量得到的现货加权平均值作为价格源。湖北碳交易价格指数的计算方法旨在反映湖北碳市场的整体价格水平，并为碳市场参与者提供参考。指数结果的波动情况可反映湖北碳市场的供需关系和交易活跃度，为碳市场参与者提供市场行情和趋势的参考依据。湖北碳交易价格指数的发布和更新将定期进行，以反映市场变化和提供及时的市场信息。

8.1.3　碳指数应用

碳指数是一种用于度量产品、服务或组织在生产和使用过程中产生的温室气体排放量的指标。实际运用中，碳指数可以应用于多个领域。

（1）企业和组织

许多企业和组织将碳指数作为评估其生产和运营活动对环境影响的工具。通过跟踪和报告碳指数，企业和组织可以评估其温室气体排放情况，并采取措施减少排放量，如改进生产过程、优化能源使用、推动可再生能源的应用等，从而实现更加可持续的经营。

（2）产品评估和消费者选择

碳指数也可以用于评估产品的环境性能，消费者可以根据产品的碳指数选择对环境影响更小的产品。例如，一些汽车制造商将碳指数作为衡量其产品的环保性能的标准，消费者可以通过比较不同汽车的碳指数来作出更加环保的购车决策。

（3）投资和金融

碳指数在投资和金融领域也得到了应用。一些投资者和金融机构使用碳指数来评估投资组合中企业的气候风险和机会，从而进行更加可持续的投资决策。此外，一些金融产品，如碳排放权交易和碳抵消项目，也依赖于碳指数来进行交易和管理。

（4）政府政策和法规

碳指数在政府政策和法规中也起到了重要的作用。一些国家和地区已经引入了碳市场和碳交易制度，通过碳指数来规范企业和组织的温室气体排放，并激励采取减排措施。此外，一些政府还将碳指数作为衡量企业和组织环境性能的指标，以制定环保政策和法规。

（5）跨国合作和国际贸易

碳指数在跨国合作和国际贸易中也越来越受到关注。一些国际贸易协定和合作机构要求参与方报告和管理其碳排放，以实现环境和气候目标。碳指数可以作为一种衡量和比较不同国家、地区或企业在减排方面的表现的工具，从而促进全球减排合作和碳市场的发展。

以下是一些碳指数在实际应用中的案例：

（1）能源行业

许多能源公司和电力企业使用碳指数来评估其不同能源资源的碳排放水平，从而决策其能源投资和生产计划。例如，一家电力公司可以使用碳指数来比较不同发电方式，如燃煤、天然气和太阳能，以了解哪种能源更为环保。

（2）制造业

一些制造企业使用碳指数来评估其生产过程中的碳排放，并采取措施来降低其碳足迹。例如，一家汽车制造商可以通过计算汽车生产过程中涉及的能源消耗和碳排放来计算汽车的碳指数，并通过改进生产工艺、使用更环保的材料等方式来减少碳足迹。

（3）供应链管理

一些企业使用碳指数来评估供应链中的碳排放水平，从而推动供应商改进环保表现。例如，一家零售商可以通过计算产品在生产、运输和销售过程中的碳足迹，评估供应链的环境影响，并与供应商合作，采取措施减少碳排放。

（4）投资决策

一些投资者使用碳指数来评估投资组合中公司的环境、社会和治理（ESG）风险，并将其考虑在内进行投资决策。例如，一家投资基金可以使用碳指数来筛选低碳排放公司作为其投资组合的一部分，以推动环保和可持续发展。

（5）政策制定

一些政府和环保机构使用碳指数来制定政策和监管措施，以减少碳排放并应对气候变化。例如，一些国家和地区设定了碳排放配额和碳市场，通过碳指数来监测和管理企业的碳排放，以促使企业减少碳足迹。

以上都是碳指数在实际应用中的案例，展示了它作为一种重要工具在推动可持续发展和应对气候变化方面的应用潜力。随着对环保和气候问题的日益关注，碳指数在实际应用中的案例越来越多，显示了它作为一种重要工具在推动可持续发展和应对气候变化方面的潜力。在全球范围内，越来越多的政府、企业和社会组织开始采用碳指数作为评估和管理碳排放的工具，以实现减排目标、推动绿色经济和促进环境可持续性。

一方面，碳指数在企业管理中的应用日益普及。许多企业通过测算和监测其产品、服务和供应链的碳足迹，来评估企业在气候变化中的影响，并制定减排策略。例如，一些大型跨国公司通过采用碳指数，对其生产和运营过程中的碳排放进行管理和报告，从而提高了能源和资源利用效率，降低了碳排放，促进了企业的可持续发展。

另一方面，碳指数在城市规划和政策制定中也得到了广泛应用。随着城市化进程的加速和城市人口的增加，城市对能源和资源的需求不断增加，也对碳排放和环境负担提出了挑战。许多城市通过采用碳指数，对城市建设、能源管理、交通规划等方面的碳排放进行评估和规划，从而引导城市可持续发展和低碳转型。例如，一些城市通过推广公共交通、鼓励低碳出行方式、提升能源效率、推动可再生能源应用等措施，有效地降低了碳排放，并改善了城市居民的生活质量。此外，碳指数在金融领域也得到了广泛应用。越来越多的投资者和金融机构将碳排放作为一种重要的投资风险和机会因素，并采用碳指数作为评估投资组合的工具。通过对企业、行业或国家的碳排放情况进行评估，投资者可以更好地了解其投资的碳足迹和气候风险，并进行低碳和气候友好的投资选择。这有助于引导资金流向低碳和可持续发展领域，促进绿色金融和绿色投资的发展。

8.2 碳保险

8.2.1 碳保险概述

碳保险是一切有利于环境保护、经济可持续发展、社会和谐统一的保险的统称，是对碳金融风险所实现的保险，分为宏观碳保险和微观碳保险。宏观碳保险指的是由碳排放权交易波动产生的保险，微观碳保险是指与低碳企业相关的保险。碳保险市场是为低碳企业及与碳排放权交易相关的各方提供资金筹集和风险规避的交易平台。碳保险的主要业务分为两大类：一是利用保险的形式刺激各行业低碳减排，如低碳汽车保险、绿色建筑覆盖保险、企业绿色商业保险等；二是对碳排放权交易过程中可能发生的价格波动、信用危机和交易危机进行风险规避和担保，如森林碳保险、碳交易政策风险保险、碳排放权信用保险等。碳保险是伴随低碳经济而生的，是低碳金融的重要组成部分，能够促进低碳经济的持续发展。碳保险体现了保险业发展的全新理念、方式与目标。

碳保险的类型主要有：

（1）环境污染责任险

该险种承保被保险人在被保险场所的区域内从事保单载明的业务时，因突发意外事故导致污染水源、土地或空气等损害而造成的第三者损失。环境污染责任保险是一项国际上普遍采用的能够较为有效地应对环境污染问题的绿色保险。国际经验证明，一个有效的环境污染责任保险制度，能够带来经济发展和环境保护的双赢。

（2）低碳车险

该险种最早在瑞士推出，车主可以根据汽车的排量和每年平均行驶的公里数计算出1年的碳排放量，然后通过付费使用瑞士保险购买的减排证，从而象征性地中和自己汽车排放的二氧化碳。从环保的角度来看，绿色汽车保险关键在于将节能和减排作为汽车保险产品设计。与节能和减排紧密相关的主要因素有新能源汽车（与节能和减排都有关）、排放标准（主要与减排相关）、汽车排量（主要与节能相关）、行驶里程（与节能和减排都相关）。因此，绿色汽车保险产品的设计，一方面要从环保的角度考虑节能和减排的因素，另一方面要从客户的角度考虑客户对产品的接受程度，既能体现保险行业的绿色环保意识，又将对保险市场和客户产生的影响降到最小，使这类保险产品对整个市场起到积极的促进和发展作用。英国保险公司对采用油电混合式引擎的出租车等达到绿色评级 A 类的汽车给予 10% 的保险费率优惠。创新型环保产品"按里程付费"的汽车保险方案广受欢迎。该方案的汽车保险额并非固定保额，而是依据投保人所行驶的里程数计算的。这种方式使全美汽车驾驶里程数减少了 8%，汽油使用量减少了 4%，因汽车事故和交通堵塞带来的经济损失每年减少了 500 亿~600 亿美元。天平保险作为国内第一家专业的汽车保险公司，又是中国第一家碳中和的企业，以 27.76 万元人民币的价格购买了奥运会期间北京绿色出行活动产生的 8 026 吨碳减排指标。目前，天平保险通过自身的保险主业，研发绿色汽车保险产品。对于这种具有明显的经济外部性的绿色保险产品，国家相关管理部门应当大力支持，因为这不仅能促进我国保险业的创新发展，更能够改变居民生活方式，起到节能减排的作用。

（3）巨灾保险

巨灾保险是针对巨大财产损失和严重人员伤亡产生风险所做的保险。巨灾风险中的地震、飓风、火灾、冰雹等影响森林正常碳吸收的，都可以是林木碳保险的承保范围。而林木碳保险是巨灾保险的一部分。林木碳保险是指以天然林、防护林、用材林、经济林及其他可以低碳减排的林木为保险标的，对整个成长过程中可能遭受的自然灾害和意外事故所造成的减碳量的损失提供经济赔偿的一种保险。

（4）低碳科技险

低碳技术主要集中于创新型制造技术、新型低能耗建筑材料等，其研发投入大、科技含量高，研发成果面临众多不确定风险。为了规避和减少研发和营运失败对市场经营主体带来的负面效应，可以在低碳技术的研发和运用中引入科技保险，通过低碳保险机制，大力支持先进煤电、核电等重大能源装备制造技术，二氧化碳捕集、利用与封存技术等低碳技术的发展。

（5）森林保险

森林保险主要以承担林业承保大户的商品性用材林为主，保险责任主要为森林火灾，保障程度以造林育林成本为主要依据。为配合传统林业向现代林业的转变过程，促进经济的可持续发展，近年来，各保险公司对原有林业保险产品进行了改造，推出了符合林业产业发展特点和市场需求的新的林业保险产品和苗木保险产品。

（6）农村小额保险

农村小额保险通过简化保险产品设计、降低保险费率、减免保险监管费等措施，使低收入农民群体也能享受到适度的保险保障。目前，我国出台了《农村小额人身保险试点方案》，提出减免小额保险提供者的监管费、给予小额保险提供者较宽松的预定利率等鼓励性措施。

（7）碳信用支付担保保险

很多大型清洁能源投资项目可以将自己未用完的碳信用出售给需要更多碳信用的企业，但由于新能源项目本身在整个运营过程中面临各类风险，这些风险都可能影响到企业碳信用支付的顺利进行。而碳信用支付担保保险则可为项目业主或融资方提供担保和承担风险，将风险转移到保险市场，以保证碳减排额的交付。

8.2.2 碳保险起源与发展

碳保险以《联合国气候变化框架公约》和《京都议定书》为前提，以资源环境价格形成机制下的碳排放权为基础，保护碳排放权核证交付、市场化交易。在碳排放权交易中，碳保险主要承保核证交付风险、交易信用风险、质押融资风险和价格波动风险。目前，在国内人保财险、平安财险已经针对碳排放权的核证交付、质押融资创新推出"碳保险服务协议"和贷款保证保险，并成功落地。未来，针对碳排放权交易过程中的信用风险和价格波动风险，我国可逐步探索相应的信用/保证保险和价格指数保险机制，以确保交易企业的基本运营不因碳市场波动而产生重大影响。随着气候变化的不断加剧，未来将有越来越多的国家意识到保护环境和发展低碳循环经济的重要性，《联合国气候变化框架公约》对各个国家设置的温室气体减排目标也将随之升高，届时碳排放权的交易双方将不仅局限于国内的减排主体，而是世界上多个签署《京都议定书》的国家（地区）主体。因此，碳保险的承保地域范围也可扩展至全球多个国家（地区）。在承保形式上，除了将碳保险作为主要险种外，保险公司也可以通过其他险种的附加条款形式来承保。

8.2.2.1 未来碳保险的创新方向

（1）碳排放权交易信用/保证保险

为了按时向监管部门交付配额，企业会采取多种方法减少碳排放，但是由于受技术设备、资金、经营策略等因素的影响，总会存在一些企业无法达到碳排放标准，也会有一些企业的碳排放额度未用完，这时前者就可以通过购买后者超额的减排量降低自身的碳排放，碳排放权的市场化交易应运而生。

自2013年起，我国就陆续设立了七个碳排放权交易试点地区，截至2020年年末，各试点地区已累计成交碳排放权4.23亿吨，成交额达到98.1亿元。2021年7月16日，全国碳排放权交易市场正式上线交易，截至2021年10月29日已累计成交碳排放权2 020.2万吨，成交额达到9.08亿元。在如此巨额的市场交易过程中，难免存在信用风险，买卖双方都有可能因故无法完成交易，以此为契机，保险公司可以利用信用/保证保险机制为交易双方提供担保和承担风险。当有一方违约时，由保险公司代为赔偿另一方的损失，之后再向违约方追偿，这样不仅保证了碳排放权顺利交付，还降低了违约对生产经营造成的不良影响。

（2）碳排放权价格指数"保险+期货"

在碳排放权交易市场中，由于不同因素造成的配额供需关系对碳交易价格的影响极大，因此存在较大的价格波动风险。从2013—2021年七个试点碳市场的日均成交价格变化趋势（如图8-1所示）来看，不同试点地区在不同的时间段的成交价格存在明显的差异性，如北京在大部分时间内的成交价格都高于其他试点地区。深圳曾在2013年10月17日达到122.97元/吨的最高日均价，而重庆则在2017年5月3日达到1元/吨的最低日均价。从全国碳市场日成交量和日成交均价情况（如图8-2所示）来看，自2021年7月16日上线交易以来，碳排放权价格先涨后跌，同样出现了价格波动，最高于2021年7月23日达到61.07元/吨的成交价，最低于2021年10月27日达到38.5元/吨的成交价。不断变化的价格加大了相关企业对碳排放权交易的担忧与疑虑，不利于市场的健康发展，交易主体需要相应的金融工具管理碳排放权价格波动的风险。

保险公司可以利用期货套期保值、发现价格的优点，构建"保险+期货"模式对冲碳排放权价格波动风险，具体运作过程如下：相关排放单位向保险公司投保碳排放权价格指数保险，保单约定在保险期间内，当碳排放权平均成交价格高于/低于设定的价格指数时，由保险公司按照合同约定给予赔偿。保险公司向期货公司购买碳排放看涨/看跌期权，获得在特定期间内按照约定价格购买一定数量的碳排放权的权利。当风险事故发生时，排放单位会获得保险公司的赔偿，弥补因价格波动导致的损失，保险公司可以行使所持权利以约定价格买入/卖出碳排放权，避免自身的损失。当风险不发生时，虽然排放单位不会获得赔偿，但是其损失也是相当有限的，而保险公司不需要赔偿，并且获得了一定的收益（收益=保险费−期权费）。

"保险+期货"模式实质上将碳排放权价格波动风险从排放单位转移到期货投资市场，可以有效帮助相关交易主体稳定价格预期，提升参与市场交易的积极性，最终形成多方主体共同受益的交易闭环。2021年9月，中共中央、国务院印发《关于深化生态保护补偿制度改革的意见》，指出研究发展基于水权、排污权、碳排放权等各类资源环境权益的融资工具，建立绿色股票指数，发展碳排放权期货交易；鼓励保险机构开发创新绿色保险产品参与生态保护补偿。这意味着我国已经迈出了构建"保险+期货"模式的第一步。

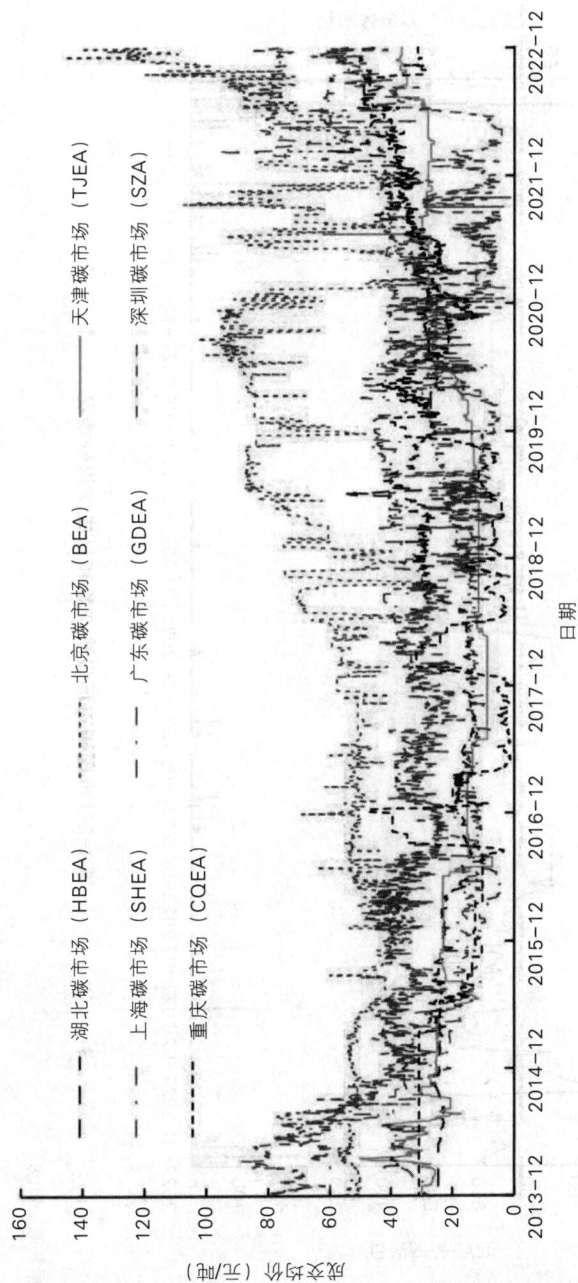

图8-1 七个试点碳市场的日均成交价格变化趋势（2013—2022年）

数据来源：Wind。

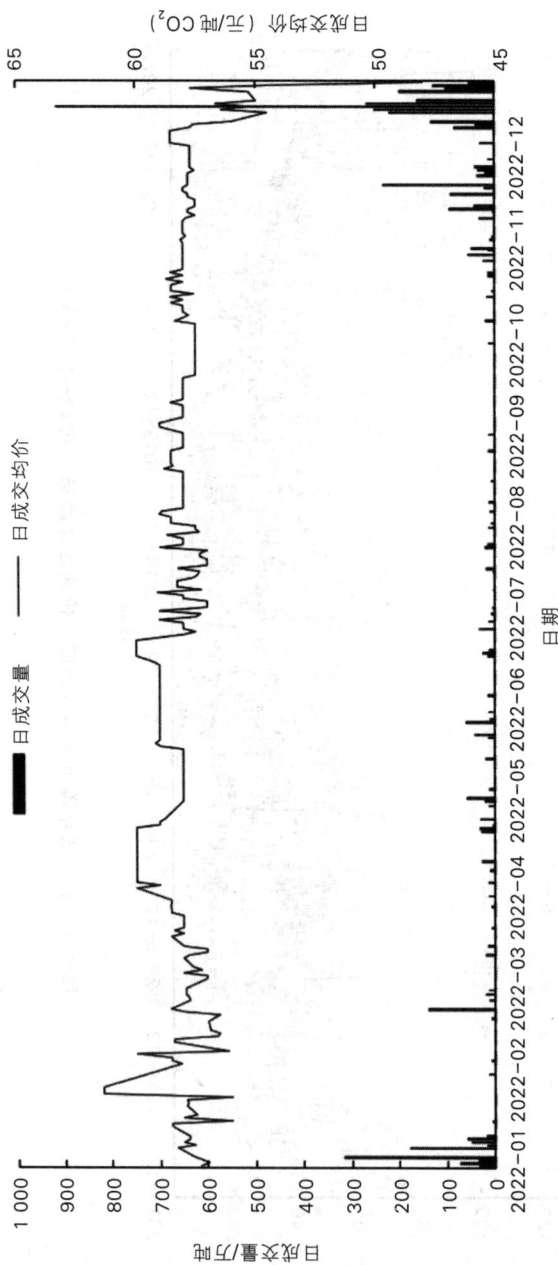

图8-2 全国碳市场日成交量和日成交均价情况

数据来源：Wind。

（3）国际碳排放权交易保险

碳排放权交易市场是在国家政策对碳排放的约束下，基于人为制度设计而存在的市场，而一个国家的气候政策可能由于战争、社会动荡、政权交替等多种因素导致变革，如美国曾于2019年宣布退出《巴黎气候协定》。这种政策的不确定性给国际碳排放权交易市场的发展带来了巨大的政治风险。此外，在国际交易中同样存在信用风险和价格波动风险，总体风险巨大且难以评估，因此针对国际交易领域的碳保险在中国至今空缺。不过随着未来国际碳排放权交易的逐渐频繁，数据积累逐渐增多，我国保险公司可选择适时进入该领域探索承保路径。

（4）碳保险附加条款

在传统的企业财产保险中，当企业的厂房建筑、机器设备等发生意外事故时，保险公司会赔偿事故直接导致的财产损失。但当碳排放权成为一种资产后，意外事故将会给企业带来更大的损失。企业的财产，尤其是存放温室气体的容器或者交通工具（如运输车、船等）发生突发事件（如火灾、爆炸、雷击等），会造成温室气体短时间内的高排放，这些突然增加的温室气体排放额将由企业"买单"。为了降低意外事故对企业造成的影响，保证企业的正常运作，保险公司可以向重点排放单位的企业财产保险提供碳保险附加条款，承保由保险合同载明的意外事故导致的碳排放权损失，并由投保人选择是否投保，以保证此保险责任的特殊性和投保的灵活性。森林保险也是同样的道理，保险公司可以提供碳保险附加条款，承保因森林大火、雷击或暴风雨而导致森林无法形成碳汇、实现已核定减排量所产生的风险。

8.2.2.2　我国当前发展碳保险面临的主要挑战

目前，我国碳金融产品和服务创新不足，同质化严重，商业银行推出的碳信贷、碳债券、碳排放权抵押融资等信贷融资类产品占据市场主流，保险公司推出的风险控制类产品仍处在推广阶段，以试点较早的环境污染责任保险为例，虽然2016—2020年保费收入持续增长，但一直低于责任保险平均增速，说明碳保险在发展过程中面临着诸多难题。

（1）法律和政策支持力度不足

法律和政策等制度对创新型保险产品发展有极大的推动作用，但从我国碳保险的立法现状来看，仅《中华人民共和国环境保护法》将"鼓励投保环境污染责任保险"列入了立法内容，其他碳保险产品缺少国家层面的法律支撑，未对相关企业是否投保形成制度约束，因此地方部门出台相关的试点推行办法或规章缺乏法律依据，开展碳保险试点工作面临无法可依的困境。此外，虽然目前有个别省市出台了指导意见或发展规划支持碳保险发展，但大部分停留在探索试点层面，仅对投保企业给予保费补贴，缺乏给予税收优惠、建立专项基金等深层次的支持措施。

（2）交易市场有效需求不足

虽然我国已出台强制性减排法规，但碳排放权交易的各种机制建设仍有待完善。现阶段我国碳排放权交易以现值交易为主，并未涉及远期交易，因此市场没有相关的风险保障需求。现值交易则集中发生在履约期内，在短期内市场交易量和交易价格迅速提升，而在非履约期内交易量极低，总体来看碳排放权交易市场规模较小。保险遵循大数法则，是集合多数风险单位提供风险保障的金融工具，当前碳排放权交易形式单一，交易量较低，市场对于碳保险有效需求不足，难以驱动碳保险快速发展。

（3）风险管理能力建设不足

碳保险涉及碳交易与环境风险评估、管理、损害鉴定等专业领域，而保险公司在这方面的专业化水平还不够。一方面，环境风险评估缺乏统一标准，技术方面存在空白。尽管生态环境部已经发布了《企业环境风险评估指南》，但其主要适用于环境应急管理中的风险评估，而许多碳保险产品更关注环境侵权损害带来的法律责任风险，因此保险公司在查勘定损与责任认定上存在困难。另一方面，保险行业存在信息壁垒，承保风险大。同一般的保险产品相比，碳保险作为创新型险种，对风险管理和控制有很高的要求，而现阶段我国还未形成完备的环境信息披露机制，保险公司无法取得足够的数据信息进行风险精算，增大了承保难度。

（4）保险公司产品供给不足

与传统的保险产品相比，碳保险发展时间较短，损失风险难以管控，进而导致碳保险在产品开发、费率厘定等方面存在缺陷，需要进一步完善。以环境污染责任保险费率为例，与传统的火灾公众责任保险相比，二者在保险责任、签单数量和单均保额方面均较为接近，但在单均保费、平均费率方面，环境污染责任保险明显高于火灾公众责任保险。2016—2020 年，火灾公众责任保险的费率较为稳定，而环境污染责任保险的平均费率一直在下降，这说明了以环境污染责任保险为代表的碳保险产品不够完善，保险费率仍有调整的空间。

此外，保险机构和相关排放企业对碳保险的认知程度不高，国内许多保险机构没有认识到碳保险背后的巨大商业价值，相关排放企业没有认识到生产活动中隐藏的巨大风险，环境保护部门、保险监管部门等对碳保险的宣传推广不足，社会各界对碳保险的认识有待提升。

8.2.3 碳保险的业务模式与机制

8.2.3.1 当前碳保险的运行机制

碳保险是一种新型保险形式，其运行机制主要涉及以下四个方面：

（1）碳足迹评估

碳保险通常需要对被保险人的碳足迹进行评估。碳足迹是指个人或企业在生产、消费、运输等活动中产生的温室气体排放总量。保险公司会通过专业的评估方法，收集和分析被保险人的碳足迹数据，以评估其对气候变化的贡献和风险。

（2）碳排放目标设定

基于碳足迹评估结果，碳保险通常会与被保险人共同设定碳排放目标。这些目标可以是减少碳排放量、提高能源效率、采用低碳技术等。设定合理的碳排放目标可以帮助被保险人减少碳排放风险，降低未来可能面临的碳税、碳市场等碳成本。

（3）碳奖励与碳处罚

碳保险通常会根据被保险人实际的碳排放情况进行奖励或处罚。如果被保险人在保险期限内实现了碳排放目标，则保险公司可能会给予奖励，如保费减免、保单续保等；如果被保险人未能达到碳排放目标，则保险公司可能会对其进行处罚，如增加保费、减少保障范围等。

一些碳保险产品还可以与碳市场进行交易。碳市场是指通过碳交易平台进行的碳排放权的买卖活动。被保险人可以通过在碳市场购买碳排放权来弥补其碳排放超过目标的部分，从而降低碳处罚的成本。

（4）碳数据监测与验证

为确保碳保险的有效运行，保险公司通常会对被保险人的碳数据进行监测与验证，如对碳足迹数据的定期审核，以确保数据的准确性和可靠性，从而保证碳保险的公平性和合规性。

总体来说，碳保险的运行机制主要包括碳足迹评估、碳排放目标设定、碳奖励与碳处罚、碳市场交易以及碳数据监测与验证等环节，通过激励被保险对象降低碳足迹，实现减排目标，从而在碳市场上获得奖励或避免处罚。首先，碳足迹评估是运作机制的基础，它通过测量和评估被保险对象的碳排放量，确定其初始碳足迹。其次，根据被保险对象的产业特点和减排目标，设定合理的碳排放目标，作为衡量其减排绩效的标准。然后，通过碳奖励与碳处罚机制，对达成或未达成减排目标的被保险对象进行激励或处罚，如向减排者提供碳配额或碳交易资金，或者对未达标者进行罚款或限制交易。此外，碳市场交易作为碳保险运作的核心环节，为被保险对象提供了灵活的减排途径，通过碳市场买卖碳配额或碳信用，实现碳足迹的灵活管理和交易。最后，在碳数据监测与验证环节，通过对被保险对象的碳减排行为进行监测和验证，确保碳减排行为的真实性和可靠性，从而保障碳保险的有效运行。通过以上环节的有机结合，碳保险实现了对被保险对象的碳减排行为的监管、激励和引导，推动了低碳经济的发展和全球碳减排目标的实现。

8.2.3.2 碳保险的主要业务模式与对"双碳"目标实现的作用

（1）碳保险为实现"双碳"目标的减碳项目提供融资保障

减碳项目具有实施周期长、影响因素复杂、预期收益不确定性高等特点，投资者对其风险预期较高，所以减碳项目的融资往往存在较大障碍。气候保险具有风险管理功能，它通过对风险的认识、衡量和分析，确定项目的风险成本，进行保险产品设计，为减碳项目提供保险服务。项目管理者通过购买气候保险，将减碳项目未来巨大的不确定的成本转化为确定的可预期的较小成本，从而平滑收益，实现减碳项目融资增信，打通融资渠道，推动减碳项目顺利落地。例如，2014年11月，瑞士再保险企业与永诚财产保险公司合作，为协鑫新能源控股公司的太阳能发电项目设计了太阳能发电指数产品。通过保险合同，确定了保险人要为所投太阳能光伏项目的发电量进行保障，如果在所投期间产生光照不足而导致发电量未达到标准，保险公司进行赔偿。这是国内太阳能光伏电站首次利用太阳辐射发电指数保障其发电收入，降低光伏项目的收益不确定性，实现了光伏项目融资增信，为光伏项目发展提供了融资保障。

碳保险也是保障减碳项目融资的重要保障方式，通过对重点排放企业新投入的减排设备提供减排保险，或者对国家核证自愿减排量（CCER）项目买卖双方的CCER产生量提供保险，降低企业碳减排项目的减排风险，保障企业实现碳减排目标，履行环境责任。例如，我国第一个碳保险产品由湖北碳交易中心与平安保险湖北分公司出台。2014年，华新水泥公司与平安保险湖北分公司达成保险事宜，保险公司将为华新水泥公司投入新设备的减排量进行保底，一旦超过排放配额，将给予赔偿。

此外，一些低碳项目有较强的正外部性，在运行过程中可能会对社会产生无法具体量化的收益，一旦项目发生损失，其运行资金除了政府补贴外很难得到补充，但气候保险能够为这种特定项目设计保险产品，甚至与其他气候金融手段配合，共同发挥作用，降低绿色减碳项目的经营风险，保障项目融资。例如，2021年5月，中国人民财产保险公司为福建省顺昌县国有林场提供了"碳汇保"保险产品，开创了国内首单商业林碳汇价格保障保险。针对林业碳汇项目存在经营周期长、风险难以预测等问题，中国人民财产保险公司探索出"碳汇＋保险"的模式为碳汇林和林业碳汇价格提供双重风险保障。在保险期内，中国人民财产保险公司对顺昌县国有林场因森林火灾及碳汇市场交易价格波动造成的损失，将按照合同约定进行赔偿。同时，顺昌县国有林场以近30万吨碳汇存量质押，获得了兴业银行2 000万元"碳汇贷"资金支持，为企业增加森林碳汇、提高森林生态功能、促进森林效益不断增长，拓宽了融资渠道。

（2）碳保险具有监督功能，利用其监督功能促进实现"双碳"目标

碳保险与普通保险一样，也会存在道德风险。对于已经投保的减碳项目，管理者在项目实施过程中有预防措施不足和疏于管理的倾向，增加风险发生的概率。保险机构为防止道德风险，通常在投保项目实施过程中进行严格监督，对于发生的风险事件，如果是因为企业自身疏于风险防范，风险管理未达到保险合约要求时承包机构不予赔付。通过这种反馈机制，保险机构能够督促低碳项目管理者提高警惕，加强预防，降低风险事件发生的概率。气候保险所涉及的对气候风险识别与管理的专业性使得项目方难以单独完成对项目的风险预估和管控，因此有些气候保险产品直接与风险监督、管理服务"捆绑"，项目投保后保险机构不仅给予风险赔付保障，在项目运行前起到质量监督和发挥融资增信作用，在事中还会直接或者聘请第三方机构对项目风险进行监督、识别、预估、管理，保障项目实现预期减排目标。

例如，2019年3月，北京市朝阳区崔各庄乡奶东村企业升级改造项目引入了全国首单绿色建筑性能责任保险。该保险产品由人保财险北京市分公司设计，北京永辉志信房地产开发公司作为被保人，保险公司聘请第三方绿色建筑服务机构对该项目不同阶段进行风险防控，同时发挥监督作用，保证该项目满足绿色建筑运行评价要求级别。如果被保建筑未能达到保险合约确定的绿色运行等级标准，保险公司将通过再建及资金补偿方式进行赔付，确保项目人的权益。这是我国保险业首次采用了捆绑绿色保险和绿色服务的模式进行风险保障，开拓了国内气候保险产品范围。2020年，绿色建筑性能保险进一步发展。2020年3月，人保财险湖州市分公司设计绿色建筑性能保险帮助浙江省重点示范绿色建筑项目获得绿色贷款，同时，该公司推出了当地绿色建筑认定标准，开发了绿色建筑相关信息共享平台，为绿色建筑性能保险发展打下了基础。在政府、监管机构和保险公司的共同努力下，当地获批全

国首个绿色建筑与绿色金融协同发展试点城市称号。在相关信息、服务、科技和信贷等的支撑下，企业逐步形成其独有的绿色建筑风险识别、预警和保障机制。

2021年4月，人保财险青岛分公司向青岛立信达能源服务公司签发"减碳保"建筑节能保险。为青岛蓝海大饭店（黄岛）节能改造项目在运营期间（3年）的节能效果提供每年100万元的风险保障。承保项目后，保险公司负责组织第三方风控服务机构，对改造工程的全过程实施监督，并在运营期通过科技手段对衡量项目节能效果的指标数据进行实时监测。若项目在运营期内，未能达到预定的节能指标，保险公司将负责赔偿项目节能整改费用，或对超标的能耗进行补偿。该项目改造完成后预计年均减碳量可达542.62吨。

本章习题

1.假设你是一家生产电动汽车的企业，你想要提高你的产品的碳指数，从而提升你的企业形象和市场竞争力。请列举出至少三种可以提高您产品碳指数的方法，并简要说明其原理和效果。

2.请举例说明碳保险如何为碳市场参与者提供风险管理的功能。

第 9 章　碳市场风险

9.1　碳市场风险的界定与分类

9.1.1　碳市场风险的界定

　　碳市场风险指的是在碳市场中可能面临的不确定性和潜在的危险。碳市场作为应对气候变化的一种机制，旨在通过限制和管理温室气体排放来减缓全球变暖。然而，碳市场本身也存在一些风险。目前，国际对于碳市场风险还没有统一的界定标准，基于国际对碳市场风险的研究，可将碳市场风险定义为：由于碳市场运作的不确定性给碳金融市场参与交易的主体以及整个社会经济造成损害的可能性。

9.1.2　碳市场风险的分类

9.1.2.1　政策风险

　　碳市场政策风险是指在碳市场运作中可能面临的不确定性和潜在的负面影响。这些风险可能源自碳市场政策的不稳定性、政策调整、法律法规变化、市场供求不平衡等多方面的因素。

　　一是碳市场政策的不稳定性可能导致企业难以作出长期的战略规划。政策在制定、实施和调整过程中可能会受到政治、经济和环境等多方面的因素影响，从而导致碳市场政策出现频繁的变动。企业需要根据政策的不断调整来调整其碳减排策略和投资计划，增加了运营风险和投资风险。

　　二是政策调整可能对企业的经济利益产生负面影响。例如，政府可能会对碳市场进行调控，包括限制碳配额的发放、调整碳价格、改变碳市场交易规则等，这可能导致企业碳减排成本的上升或碳市场收益的下降，从而对企业的经济利益造成损害。

三是法律法规的变化也可能对碳市场产生风险。政府可能会颁布新的环境法规或修改现有法规，从而对碳市场的运作和企业的碳减排行为产生重大影响。企业需要密切关注法律法规的变化，并确保碳减排行为符合法律法规的要求，否则可能面临罚款、限制经营或其他法律诉讼风险。

四是市场供求不平衡可能对碳市场政策产生影响。碳市场的运作依赖于市场参与者之间的碳配额买卖，如果碳配额供大于求，碳价格可能下跌，导致碳市场政策的执行效果降低，企业的碳减排行为可能受到抑制；相反，如果碳配额供应不足，碳价格可能上涨，增加了企业的碳减排成本。

9.1.2.2　技术风险

碳市场技术风险是指在碳市场运作中可能面临的与技术相关的不确定性和潜在问题。这些技术风险可能涉及碳市场参与者的技术能力、技术基础设施、信息技术、监测和验证技术、计量和报告技术等方面。

一是碳市场参与者的技术能力可能存在风险。参与碳市场的企业需要具备相应的技术能力来实施碳减排项目，并确保其项目的减排量能够被准确测量、监测和报告。然而，一些企业可能缺乏必要的技术专业知识和经验，导致项目减排量的计量和验证存在不确定性，从而面临碳市场交易风险。

二是技术基础设施可能存在风险。碳市场依赖于先进的技术基础设施，包括碳排放监测设备、数据管理系统、交易平台等。然而，这些技术基础设施可能受到技术漏洞、设备故障、数据安全和隐私等风险的威胁，可能导致碳市场数据的不准确性、篡改或泄漏，从而影响碳市场的公平性和透明性。

三是信息技术风险也是碳市场技术风险的一部分。碳市场的运作涉及大量的数据交换和信息传递，包括碳减排项目的减排量、验证和注册信息等。然而，信息技术风险如网络攻击、数据泄漏、信息篡改等可能导致碳市场数据的安全性和完整性受到威胁，从而对碳市场的正常运作和交易安全性构成潜在威胁。

四是监测和验证技术的准确性和可靠性也可能面临风险。监测和验证技术用于测量和核实碳减排项目的减排量，从而确定项目的碳资产价值。然而，这些技术可能存在不确定性，如测量误差、验证不一致等，从而可能导致碳减排项目的减排量计算错误或被质疑，影响碳市场的信任度和稳定性。

9.1.2.3　市场风险

虽然碳市场作为一种应对气候变化的工具，具有潜在的环境和经济效益，但也面临一系列市场风险。

一是碳市场的价格波动。碳配额的价格可能会受到多种因素的影响，如政策变化、经济周期、能源价格和市场供需等因素。政策变化可能导致碳市场的法律法规环境发生变化，从而对碳配额的需求和供应产生不确定性，对市场价格产生波动。

二是市场操纵和不当行为。由于碳市场是一个复杂的金融市场，涉及大量的碳配额买卖交易，存在市场操纵、内幕交易、欺诈等不当行为的风险。这可能会导致市场价格的异常波动，损害市场的公平性和透明性。

三是市场参与者的不确定性。碳市场涉及多个参与者，包括政府、企业、金融机构等，不同参与者之间可能存在不同的利益诉求和行为预期，这可能导致市场预期的不稳定性。例如，政府政策的不一致性或企业的战略调整可能对碳市场产生不确定性，从而影响市场的运行和参与者的决策。

四是碳市场的监管风险。碳市场通常需要监管机构对其监管，但监管的力度和效果可能因国家和地区而异。监管政策的变化或监管措施的不足可能导致市场的不稳定性和不可预测性，从而增加了碳市场的市场风险。

五是碳市场还可能受到国际政治和经济因素的影响，如贸易争端、跨国合作和政治动荡等。这些因素可能对碳市场的运行和市场参与者的决策产生负面影响，从而增加市场的不确定性和风险。

9.1.2.4　环境风险

碳市场的目标是减少温室气体排放，但一些项目可能在实施过程中面临环境风险。

一是土地使用变更。一些碳减排项目可能需要进行土地使用变更，如森林砍伐、湿地改造等。这可能导致生态系统破坏，破坏原有的生态平衡，对生物多样性造成损失，影响野生动植物的栖息地和迁徙路径。

二是生物多样性损失。一些碳减排项目可能对生物多样性产生负面影响。例如，森林碳项目可能导致森林内的生物多样性减少，因为原有的生态系统结构和功能被改变，某些物种可能会失去栖息地，甚至灭绝。这可能对生态系统的稳定性和可持续性造成威胁，进而影响生态服务的提供。

三是社会影响。一些碳减排项目可能对当地社区和居民产生社会影响。例如，森林碳项目可能导致当地居民失去传统的土地使用权，导致社会冲突和不稳定。此外，碳市场可能也存在社会不平等问题，如碳市场参与者之间的权利和利益分配不均等，可能导致弱势群体的利益受损。

四是可持续性和社会责任。一些碳市场项目可能缺乏可持续性和社会责任。例如，一些项目可能只注重短期碳减排效果，而忽视了生态系统的长期可持续性和社会的整体福祉。此外，一些碳市场项目可能存在监管不足和管理薄弱的问题，导致环境和社会风险无法被有效识别和管理。

9.1.2.5　金融风险

碳市场涉及大量的投资和资金流动，包括碳资产和碳金融衍生品的交易。金融市场的不稳定性、利率波动、汇率波动等因素都可能对碳市场的投资回报和资金流动产生负面影响。

一是碳市场的投资回报可能受到金融市场的不稳定性影响。金融市场的波动性可能导致碳市场价格的剧烈波动，从而影响投资者的投资回报。例如，全球经济衰退、政治不稳定、地缘政治紧张局势等因素都可能导致碳市场价格的不稳定，从而对投资者造成损失。

二是利率波动也可能对碳市场产生负面影响。碳市场通常涉及大量的借贷和融资活动，如碳信用交易中的融资需求、碳资产的抵押贷款等。如果利率出现剧烈波动，将可能导致碳市场参与者的融资成本上升，从而对投资回报和资金流动产生不利影响。

三是汇率波动也可能对碳市场产生风险。碳市场往往涉及跨国交易，包括碳资产和碳金融衍生品的跨境交易。如果汇率发生大幅度波动，可能导致跨国交易的成本和风险增加，从而对碳市场的投资和资金流动产生负面影响。

9.2 碳市场的风险度量

碳市场的风险度量是指对碳市场中可能出现的风险进行评估和衡量的方法。碳市场作为应对气候变化的一种工具，通过碳排放配额的买卖以及碳抵消项目的实施，旨在促使企业和国家减少温室气体排放，从而减缓全球变暖的速度。然而，碳市场也面临着一系列的风险，需要进行风险度量和评估。

9.2.1 碳市场政策风险度量

碳市场的政策风险度量是评估碳市场在政策层面上面临的不确定性和风险的方法。随着全球对气候变化的关注不断增加，碳市场作为一种应对气候变化的工具，在许多国家和地区得到了广泛应用。然而，碳市场的政策环境可能受到多方面的干扰，包括政府政策的变化、法律法规的调整、国际政治和经济形势的变动等，从而对碳市场的运行和价值造成潜在的风险。政策风险度量通常包括以下四个方面：

（1）政策稳定性

评估碳市场所依赖的政府政策的稳定性和可预测性。政策的频繁变动和不确定性可能导致市场参与者在决策和投资方面的困惑和犹豫，从而影响市场的健康运行。政策稳定性对于碳市场尤其重要，因为碳市场通常是在政府的监管和支持下运作的。政府政策可以涉及碳排放配额的分配、碳市场的设计和运营、碳价格的设定等。如果政府政策频繁变动或不确定，市场参与者可能会面临风险，因为他们难以预测未来的政策环境，从而难以作出明智的决策和投资。政策变动可能包括政府对碳市场设计的重大改变，如调整碳配额的分配方式、调整碳市场的运营规则等。这种政策变动可能导致市场参与者需要重新调整他们的策略和投资组合，从而增加了市场操作的不确定性和风险。此外，政府政策的不确定性也可能涉及政府对碳市场的长期承诺。政府可能会在未来调整碳市场政策，如提高碳价格、增加碳配额的限制等，这可能会对市场参与者的投资决策产生重大影响。如果市场参与者难以预测政府的政策动向，他们可能会在决策和投资方面保持谨慎，从而影响市场的流动性和健康运行。因此，政策稳定性的评估对于碳市场的健康运行至关重要。政府应该在制定碳市场政策时考虑到稳定性和可预测性，以降低市场参与者面临的政策风险，从而促进碳市场的发展和繁荣。

（2）法律法规风险

评估与碳市场相关的法律法规的变化和合规风险。碳市场作为应对气候变化的一种工具，受到了越来越多国家和地区的关注和采纳。然而，碳市场的法律法规风险也是市场参与者需要认真考虑的重要因素。

政府可能通过修改法律法规来调整碳市场的规则和限制，从而对市场参与者的经营和投资产生影响。例如，政府可能会调整碳市场的配额分配机制、碳交易的价格设置、市场参与者的资格条件等。这些调整可能对企业的经营策略、碳资产管理和市场参与计划产生直接影响，从而影响其在碳市场中的表现和利润。碳市场的法律法规也可能因国家和地区之间的差异而产生变化，从而导致跨境碳交易面临合规风险。不同国家和地区可能对碳市场的监管方式、报告要求、资格认证等方面存在差异，这可能对跨境碳交易的合规性和合法性产生影响。市场参与者需要认真研究和遵守不同国家和地区的法律法规，以确保其碳交易活动的合规性，避免潜在的法律诉讼和罚款等风险。碳市场的法律法规也可能面临政治和社会风险。政治因素、公众舆论和社会压力可能导致政府对碳市场进行调整，从而影响市场参与者的经营计划和投资决策。例如，政府可能受到选民或利益集团的压力，从而采取限制碳市场发展的政策，或者在特定时期暂停或终止碳市场的运作。这可能对市场参与者的经营和投资产生重大不确定性，增加市场风险。

在评估与碳市场相关的法律法规风险时，市场参与者应密切关注国家和地区的政策和法规变化，充分了解碳市场的监管框架和合规要求，并与专业律师和顾问合作，以确保自身在碳市场中的经营和投资活动合法合规，降低法律法规风险的潜在影响。

（3）国际政治和经济风险

评估国际政治和经济环境对碳市场的影响。例如，国际的贸易争端、政治紧张局势、经济不稳定等因素可能对碳市场的价格和需求产生影响，从而对市场参与者的经营和投资决策产生风险。国际政治和经济风险对碳市场产生了深远的影响。国际的贸易争端可能导致贸易壁垒的出现，限制了市场参与者之间的碳交易。例如，贸易战可能导致国家之间相互征收关税或限制进口，从而导致碳市场中碳产品的价格上涨或碳产品的供应减少，进而影响市场的价格和需求。政治紧张局势也可能对碳市场造成负面影响。国际的政治紧张局势可能导致投资者对碳市场产生担忧，从而减少对碳市场的投资。例如，政治冲突可能导致市场参与者对市场的前景感到不确定，从而降低了他们在碳市场上的参与和投资。经济不稳定也是一个重要的风险因素。国际经济的不稳定，如金融危机、货币汇率波动等，可能对碳市场产生影响。经济不稳定可能导致市场参与者的预期发生变化，从而影响对碳市场的投资和经营决策。例如，经济放缓可能导致碳市场中碳产品的需求减少，从而对市场的价格和供需关系产生影响。

国际政治和经济风险对碳市场的影响不可忽视。市场参与者应密切关注国际政治和经济环境的变化，评估它们对碳市场的潜在影响，并在经营和投资决策中充分考虑这些风险因素，以降低市场风险并实现长期的经营和投资目标。

（4）监管合规风险

评估市场参与者在碳市场中的监管合规风险。监管合规风险在碳市场中是一项重要的考虑因素。政府可能会通过加强监管和合规要求来监督和限制市场参与者的经营和投资活动，从而对其经营和投资产生潜在的风险。这可能包括对市场参与者进行监管审查、合规要求的增加以及对违规行为进行处罚等措施。

首先，政府可能会对市场参与者进行监管审查，包括对其经营活动和投资决策的合规性进行评估。如果市场参与者未能遵守碳市场的监管规定和合规要求，可能会面临罚款、停业整顿，甚至撤销经营许可等处罚，从而对其经营活动产生重大影响。其次，政府可能会加强合规要求，对市场参与者的经营和投资活动进行限制。例如，政府可能会要求市场参与者提交更加详细和准确的报告和记录，以确保其在碳市场中的交易和投资活动符合监管规定。此外，政府还可能会限制市场参与者的投资范围，如限制其投资于高风险的碳市场产品或地区，以降低市场参与者的风险暴露。最后，政府还可能对违规行为进行严格处罚，以起到威慑作用。这可能包括对市场参与者进行罚款、吊销经营许可、限制其在碳市场中的活动等措施。这些处罚可能会对市场参与者的声誉、经济利益和未来的经营活动产生严重的影响。

因此，市场参与者在碳市场中应该认真评估监管合规风险，确保其经营和投资活动符合相关的监管规定和合规要求，以降低因政府加强监管和合规要求而带来的潜在风险。这包括建立健全的内部控制和合规管理体系，确保公司的经营活动合法合规，并及时了解和遵守碳市场的监管政策和法规，与监管部门保持良好的沟通与合作，以确保企业在碳市场中的经营活动稳健、可持续。

9.2.2 碳市场供需风险度量

碳市场的价格和交易量可能会受到市场供需关系的影响，从而导致价格波动和交易不稳定。市场供需风险的度量可以包括对碳配额和抵消项目的供应和需求的分析，以及对市场参与者行为的监测。市场供需风险可能因多种因素而导致碳市场的价格和交易量波动不稳定。

碳配额和抵消项目的供应和需求情况会直接影响市场价格。如果碳配额供应过剩，可能导致碳价格下跌，而抵消项目的需求不足可能导致碳价格上涨。此外，全球经济和能源需求的波动也可能对碳市场产生影响，如经济衰退可能导致碳市场需求下降，从而影响碳价格。市场参与者行为也可能对碳市场产生影响。投资者的买卖决策、市场操控行为以及市场参与者的情绪因素等都可能导致碳市场价格的剧烈波动。例如，大规模的投机行为可能导致市场价格迅速波动，从而影响市场交易的稳定性。政府政策和法规也可能对碳市场产生影响，从而引发市场供需风险。政府对碳排放的监管力度、政策调整，以及对碳配额和抵消项目的管理方式，都可能对碳市场的供需关系产生影响，从而影响市场价格和交易量。

在度量市场供需风险时，需要对碳配额和抵消项目的供应和需求情况进行深入分析。这包括对全球碳配额供应情况、抵消项目的实施情况以及对未来碳市场的供需趋势等进行综合评估。此外，对市场参与者行为的监测也是重要的风险度量指标，包括对投资者行为、交易量和市场操控行为的监测和分析，以便及时识别和解决可能影响市场供需关系的问题。市场供需风险是碳市场中的一个重要风险因素，可能导致价格波动和交易不稳定。对碳市场的供需关系进行综合评估和对市场参与者行为的监测可以帮助有效管理市场供需风险，确保碳市场的稳定运行。

9.2.3 碳市场技术风险度量

碳市场技术风险的度量是对在碳市场中涉及的技术应用和项目实施过程中可能面临的风险进行评估和衡量的过程。随着碳市场的发展和碳排放减少的重要性日益凸显，技术风险已经成为市场参与者关注的一个重要方面。在碳市场中，许多技术如碳捕获与储存技术（CCS）、生物质能源、可再生能源等被广泛应用。但是，这些技术在不同的地理、气候和经济条件下的实际应用效果可能不同，技术成熟度也存在差异。因此，在评估碳市场项目的技术风险时，需要考虑技术的成熟度以及在实际应用中可能面临的技术限制和不确定性。

（1）技术成熟度可能受到地理条件的限制

不同地理位置的碳市场项目可能面临不同的气候和环境条件，这可能会对技术的实际应用效果产生影响。例如，一些技术在干旱地区可能面临水资源短缺的问题，而在寒冷地区可能面临低温环境下的技术限制。因此，在评估碳市场项目的技术风险时，需要充分考虑地理条件对技术应用的影响。

（2）经济条件也可能对技术成熟度产生影响

碳市场项目的经济可行性对技术的应用和推广至关重要。不同地区的经济条件可能导致碳市场项目的资金、资源和市场需求不同，从而对技术成熟度产生影响。例如，一些技术在发展中国家可能面临资金和技术支持的不足，从而影响其实际应用和推广。

（3）技术的实际应用效果可能受到技术限制和不确定性的影响

一些碳市场技术可能在实际应用中面临技术限制，如技术的可靠性、稳定性、可扩展性等方面的限制，这可能影响技术在碳市场中的实际效果。同时，技术的不确定性也可能对碳市场项目的技术风险产生影响，如技术的长期可持续性、环境影响、社会接受度等方面的不确定性。

在评估碳市场项目的技术风险时，需要综合考虑技术的成熟度、地理条件、经济条件以及技术限制和不确定性等因素，以全面评估技术在实际应用中的风险和可行性。这有助于投资者和决策者在碳市场中作出明智的投资和决策。

9.2.4　碳市场社会环境风险度量

碳市场的发展和运作可能受到社会和环境因素的影响，如公众对碳市场的认知、对碳抵消项目的质疑，以及碳市场对社会公正和可持续发展的影响。社会环境风险的度量可以包括对社会和环境因素的评估和监测。碳市场社会环境度量是指评估和测量碳市场活动对社会和环境影响的一种方法。随着全球对气候变化关注度的不断提高，碳市场作为一种减缓气候变化的工具，已经得到广泛应用。除了经济性和环境可持续性外，社会和环境因素在碳市场中也日益受到关注。

（1）社会公正

评估碳市场活动对社会公正的影响，包括是否公平地分配碳配额、减排成本以及碳市场的收益和负担分配是否合理。这可以通过考虑碳市场规则对不同社会群体的影响来评估。

在评估碳市场活动对社会公正的影响时，需要考虑以下方面：首先，是否公平地分配碳配额是一个关键问题。碳配额作为碳市场的核心机制之一，决定了参与者的减排权利。应该确保碳配额的分配公平合理，不偏袒特定利益群体，以避免富者恶劣和弱者受害的情况。其次，减排成本的分配也是社会公正的重要考虑因素。在碳市场中，企业需要支付减排成本以购买碳配额，这可能对不同参与者造成不同的经济负担。应该确保减排成本的分配合理，避免对某些群体造成过大的经济压力。此外，碳市场的收益和负担分配也需要合理评估。碳市场可能给一些参与者带来经济利益，如碳配额的交易和投资活动可能带来收益。但同时，一些社会群体可能也会承担额外的负担，如可能需要支付更高的减排成本或面临经济竞争压力。应该确保收益和负担在社会上合理分配，以避免不公正现象的出现。总之，评估碳市场活动对社会公正的影响需要综合考虑碳配额的分配、减排成本的分配、收益和负担的分配以及碳市场规则对不同社会群体的影响等多个方面，以确保碳市场在实现环境目标的同时，也能促进社会公正的实现。

（2）社会利益

评估碳市场活动对社会利益的影响，包括是否促进了可持续发展、生态保护和社会经济福祉的提升。这可以通过考虑碳市场活动对就业、能源安全、资源保护和生态环境等方面的积极或负面影响来评估。社会利益是评估碳市场活动影响的重要因素。碳市场活动不仅仅是为了应对气候变化，还应该对社会利益产生积极的影响。碳市场活动对就业机会的影响是一个重要的考虑因素。例如，通过支持可再生能源项目和碳排放减少技术的开发和应用，碳市场活动可能会促进就业增长，特别是在清洁技术和可持续发展领域。此外，碳市场活动还可以促使企业采取低碳经营模式，从而推动绿色经济的发展，提高社会经济福祉水平。碳市场活动对能源安全的影响也是社会利益的一部分。通过减少对化石燃料的依赖，推动可再生能源的利用，碳市场活动可以帮助减少能源供应的脆弱性，提升能源安全性。这对于国家和社会的可持续发展具有重要意义。资源保护也是社会利益的重要方面。碳市场活动可能会鼓励企业和个人采取减少碳排放的措施，从而减少对自然资源的消耗和压力，推动资源的可持续利用。碳市场活动还可以激励企业通过技术创新和资源优化来提高效率，从而减少资源浪费，降低生产成本。生态环境保护也是社会利益的重要方面。碳市场活动可以鼓励企业和个人采取措施减少碳排放，从而减少温室气体的排放，对抗气候变化，保护生态环境。此外，碳市场活动还可以促使企业采取生态友好的经营模式，减少对生态环境的破坏，保护生态系统的稳定性和生物多样性。

因此，评估碳市场活动对社会利益的影响需要综合考虑其对就业、能源安全、资源保护和生态环境等方面的积极或负面影响，以确保碳市场活动真正促进可持续发展、生态保护和社会经济福祉的提升。

（3）社会参与

评估碳市场活动中是否充分考虑了各方利益，包括公众、社会团体和当地社区的参与和意见。这可以通过评估碳市场规则是否透明、公正和可参与，并且是否有合适的机制来处理利益冲突和争端来评估。社会参与在评估碳市场活动中的重要性日益凸显。碳市场涉及环境资源和经济利益的交叉，因此应充分考虑各方利益，包括公众、社会团体和当地社区的参与和意见。

评估碳市场规则是否透明是社会参与的关键要素。透明的规则可以确保参与者了解市场运作和交易规则，避免信息不对称和不公平的交易。规则应当公开、易于理解，并定期更新，以便参与者能够根据市场的变化作出明智的决策。此外，信息披露应当充分，包括有关碳市场的环境、社会和经济效应的信息，以便公众和社会团体能够了解市场的运作和影响，并提出合理的意见和建议。评估碳市场规则是否公正也是社会参与的重要方面。公正的规则应当保障各方在市场中的平等待遇，不偏袒任何一方。规则应当遵循科学、公正、公平和公正竞争的原则，防止市场操纵、不正当竞争和不正当利益占据优势。此外，规则应当确保参与者的权利，如财产权、知情权和参与权得到保护。评估碳市场规则是否可参与也是社会参与的重要考量标准。可参与的规则应当鼓励各方，如公众、社会团体和当地社区积极参与碳市场活动。规则应当设有合适的机制，如公众听证会、社会团体参与、公共咨询和社会影响评估等，以便各方能够在决策过程中表达他们的意见、关切和需求，并对市场规则和政策提出建设性的建议。评估碳市场规则是否有合适的机制来处理利益冲突和争端也是社会参与的重要考虑因素。碳市场涉及各方的经济利益和环境资源的分配，可能会出现利益冲突和争端。因此，规则应当设有适当的冲突解决机制，包括独立的仲裁和调解机构，以便在争端解决中保障各方的权益。

（4）环境影响

评估碳市场活动对环境的影响，包括温室气体减排效果、生态系统服务保护、生物多样性保护等。这可以通过评估碳市场活动是否真正实现了减排目标、是否对环境造成了负面影响，以及是否有措施来缓解可能的环境风险来评估。

环境影响评估还可以考虑碳市场活动对生态系统服务的影响，如水资源保护、土壤保护、森林保护等。例如，一些碳市场活动可能导致大规模的森林砍伐或湿地破坏，从而对生态系统服务和生物多样性保护造成负面影响。评估应当考虑碳市场活动对当地和全球生态系统的长期影响，以确保其在实现碳减排目标的同时，不会对环境产生不可逆转的损害。环境影响评估还应考虑碳市场活动对社区和人类健康的潜在影响。例如，某些碳市场活动可能导致社区的健康风险，如空气污染、水污染或土壤污染，从而对社区居民的健康产生负面影响。因此，评估应当考虑活动对社区和人类健康的潜在影响，并采取必要措施来保护社区居民的权益和健康。

环境影响评估应当综合考虑碳市场活动对温室气体减排效果、生态系统服务保护、生物多样性保护、社区和人类健康等方面的影响，以确保碳市场活动既能实现减排目标，又能保护环境和人类健康。此外，评估应该持续进行，以监测碳市场活动的实际影响，并采取适当的措施来缓解可能的环境风险和负面影响。

（5）可持续性

评估碳市场活动的可持续性，包括碳市场活动是否具有长期可持续性，是否能够在经济、社会和环境层面上实现持续的利益。这可以通过考虑碳市场活动的长期稳定性、可扩展性和对未来世代的影响来评估。

可持续性是评估碳市场活动的重要指标，它不仅关注碳市场活动当前的利益，还着眼于碳市场活动在长期内是否具有持续的利益，包括经济、社会和环境层面的可持续性。长期稳定性是评估碳市场活动可持续性的关键因素之一。碳市场活动应该具有稳定的运行模式和可靠的市场机制，以确保在未来的经济周期中能够持续产生积极的效果，而不是受到短期波动的影响。可扩展性也是评估碳市场活动可持续性的重要考量因素。碳市场活动应该具有可扩展的潜力，能够适应未来不断增长的需求，并为更多的市场参与者提供机会。此外，对未来世代的影响也应该纳入可持续性评估的考虑因素。碳市场活动应该能够为未来世代创造长期的经济、社会和环境价值，促进可持续发展和应对气候变化。综合而言，评估碳市场活动的可持续性需要综合考虑其长期稳定性、可扩展性和对未来世代的影响，以确保碳市场活动能够在经济、社会和环境层面上持续产生积极的效果。

9.2.5 碳市场金融风险度量

碳市场作为金融市场的一种形式，也会面临金融风险，如市场流动性、信用风险、操作风险等问题。金融风险度量可以包括对碳市场参与者的信用评估和交易流动性的分析，以及对市场运作的监测。此外，碳市场金融风险度量还需要考虑以下五个方面：

（1）汇率风险

碳市场可能涉及多个国家和地区之间的交易，涉及不同货币之间的兑换，因此汇率风险是一个重要的风险因素。波动的汇率可能导致市场参与者在碳交易中面临资金损失或利润减少的风险。碳市场中的汇率风险度量通常涉及对不同货币之间汇率波动的评估和管理。在碳市场中，碳排放配额通常以一种特定货币（如欧元、美元等）进行定价和交易，因此汇率波动可能会对碳市场的参与者产生影响。

一种常见的汇率风险度量方法是通过对碳市场交易中涉及的汇率波动进行定量分析。这可以包括对历史汇率数据的统计分析，如计算标准差、方差、相关性等指标，以评估不同货币之间的汇率波动幅度和关联性。这些指标可以帮助市场参与者识别潜在的汇率风险，并采取相应的对冲策略，如使用期权、期货或其他金融工具来管理汇率波动对碳市场交易的影响。此外，参与碳市场的企业或投资者还可以通过定量模型或基本分析来评估宏观经济因素对汇率的影响。例如，经济指标如利率、通胀率、贸易政策等都可能对汇率产生重要影响。通过对这些因素进行分析，市场参与者可以更好地理解汇率波动的原因和趋势，并作出更明智的决策。除了定量方法外，市场参与者还应该密切关注全球经济和政治动态，因为这些因素可能对汇率产生不可预测的影响。例如，全球贸易紧张局势、政治不稳定和货币政策变化等因素都可能导致汇率波动，并对市场参与者产生风险。

在管理碳市场中的汇率风险时，多样化的风险管理策略包括使用不同的金融工具和技术来对冲和管理汇率风险，同时密切关注全球经济和政治动态，并灵活地调整交易和投资策略以适应不断变化的市场条件。此外，与专业金融顾问合作，并建立有效的风险管理机制和流程，也是在碳市场中管理汇率风险的关键。

（2）政策和法律风险

碳市场受到国家和地区政策和法律环境的影响，如政府政策的变化、法律法规的调整、政治不稳定等，可能对市场造成不利影响。因此，对政策和法律风险的评估和监测对于度量碳市场的金融风险非常重要。一是政策风险度量。政策风险主要涉及国家、地区或组织对碳市场的政策和法规的制定和调整。政策风险度量包括对市场参与者可能面临的政策变化、政府干预、税收政策、能源政策、环境法规等方面的评估。政策风险度量需要考虑政策的稳定性、可预见性、透明度、合规性等因素，以便市场参与者能够预测和适应政策的变化，从而降低政策风险。二是法律风险度量。法律风险主要涉及市场参与者在碳市场活动中可能面临的法律诉讼、合同纠纷、知识产权争端和合规要求等问题。法律风险度量需要考虑法律法规的适用性、法律诉讼的可能性、法律合规的成本等因素。在碳市场中，合同的设计和执行、知识产权的保护、环境法规的遵循等都对法律风险产生影响。合理的法律风险度量可以帮助市场参与者规避潜在的法律纠纷，确保其在碳市场中的合法权益。三是碳市场风险管理。政策和法律风险度量的目的是帮助市场参与者更好地管理风险。风险管理是通过识别、评估、监控来控制潜在风险的过程。在碳市场中，风险管理是通过采取措施来降低政策和法律风险，如与政府和法律团体的合作、监测政策和法规的变化、合规性审查、合同的审查和管理等。

（3）技术和操作风险

碳市场的运作涉及复杂的技术系统和大量的操作流程，如碳排放核查、交易结算、账务处理等。技术故障、操作错误或人为疏漏可能导致市场交易中断、数据丢失、交易错误等问题，从而对市场参与者造成损失。碳市场技术和操作风险度量是指对碳市场中涉及的技术和操作进行评估和测量，以识别潜在的风险和脆弱性。碳市场是指通过购买和销售碳排放配额、碳交易或碳金融工具来实现温室气体排放减少的市场。在碳市场中，涉及多种技术和操作，包括碳资产管理、碳交易平台、碳资产核算、碳市场监管等。

技术风险是指在碳市场中使用的技术可能存在的潜在问题和威胁。例如，碳资产管理系统可能面临数据安全和隐私保护的风险，碳交易平台可能面临网络安全和交易安全的风险，碳资产核算可能面临计量和计算误差的风险。为了度量技术风险，可以采用技术审计、安全测试、漏洞扫描等方法，对碳市场中使用的技术进行评估和监控，以确保其安全、稳定和可靠运行。

操作风险是指在碳市场中涉及的操作可能面临的风险和问题。例如，碳市场监管可能存在监管政策不稳定、法律法规不完善、监管机构监管不到位等风险，碳交易可能面临市场操纵、欺诈、违规交易等风险，碳资产管理可能面临内部操作失误、人为疏忽等风险。为了度量操作风险，可以采用合规审查、内部控制评估、风险管理框架等方法，对碳市场中涉及的操作进行监控和管理，以保障其合法、合规和有效的运作。综合而言，碳市场技术和操作风险度量是碳市场管理的重要组成部分，可以帮助识别和解决碳市场中存在的潜在风险和脆弱性，确保碳市场的稳健和可持续发展。

（4）市场流动性风险

碳市场的流动性可能会受到多个因素的影响，如市场参与者的交易意愿、市场深度、交易量等。市场流动性不足可能导致交易成本增加、交易难度加大，甚至可能导致市场崩溃。碳市场流动性风险度量是指对碳市场中资产或合约的流动性风险进行衡量和评估的一种方法。在碳市场中，碳资产或合约的流动性风险可能受到多种因素的影响，如市场参与者的交易活跃度、市场深度、交易成本、市场规模和市场结构等。

一种常用的度量碳市场流动性风险的方法是基于市场深度和交易成本的指标。市场深度是指市场上具有足够的买卖意愿和足够的资金来执行大宗交易的能力。交易成本则是执行交易所需的成本，包括交易手续费、滑点、报价差等。市场参与者的交易活跃度也是影响碳市场流动性风险的因素之一。交易活跃度高的市场通常有更多的买卖机会和更好的市场流动性，因为市场参与者可以更容易地找到对方来执行交易。市场规模和市场结构也对碳市场的流动性风险产生影响。市场规模越大，通常意味着市场中有更多的交易参与者和更多的交易量，从而有助于提高市场的流动性。市场结构也是一个重要的因素，不同的市场结构可能导致不同的流动性风险。例如，集中式市场和去中心化市场在流动性方面可能存在不同的特点和风险。

综合以上因素，对碳市场的流动性风险进行度量可以帮助投资者和交易者更好地了解市场的交易环境，从而作出更明智的投资和交易决策。这对于有效管理碳市场投资组合的风险，并确保资金的高效配置至关重要。

（5）市场监管风险

碳市场通常受到监管机构的监管，监管政策的变化、监管机构的行为和决策可能对市场产生重大影响。监管政策的不确定性、监管机构的监管能力和公信力等都可能对市场参与者的信心和市场运作产生影响。

首先，市场运作风险。碳市场的运作涉及碳排放配额的交易、结算和清算等环节，可能面临市场运作风险，如市场操纵、信息不对称、交易失误等。此外，碳市场可能还存在流动性风险，如市场参与者之间的交易量不足、交易价格波动较大等。其次，监管合规风险。碳市场参与者需要遵守相关的监管规则和合规要求，如碳排放报告和核查、碳交易的合法合规性等，否则可能导致罚款、失去市场准入资格等风险。此外，监管机构可能会进行监管执法和调查，涉及市场参与者的合规行为，可能带来法律诉讼和声誉风险。

为了有效管理和应对碳市场中的监管风险，市场参与者应密切关注相关的法律、政策和监管动态，确保合规经营，并采取相应的风险管理措施，如设立明确的碳市场管理团队，制订内部合规规定，建立风险识别、评估和应对机制，并进行定期的风险自查和内部审计。此外，市场参与者应加强与监管机构的沟通与合作，及时了解碳市场监管的要求和变化，并积极参与监管机构组织的培训和指导活动，保持业务的合规性。在碳市场中，还应注重信息披露和报告的规范性和准确性，建立健全的信息披露制度，确保信息的真实、完整和及时披露，以避免因信息不准确或滞后而引发的法律风险。此外，市场参与者还应认真履行社会责任，积极参与碳减排项目，合规开展交易活动，避免违规行为，保护市场的稳定和公平。在应对碳市场监管风险时，市场参与者应综合运用法律手段、风险管理工具和合规经营措施，形成全面的风险管理体系，以确保在碳市场中合规经营，降低监管风险，实现可持续经营和长期发展。

本章习题

1.请列举出至少三种碳市场风险的类型，并简要说明风险产生的原因和可能的影响。

2.请分析碳市场风险对市场参与者、碳金融产品和社会经济的影响，并提出相应的风险防范和应对措施。

3.请分析碳市场风险度量对市场参与者、碳金融产品和社会经济的作用，并提出相应的建议和意见。

参考文献

[1] 程小芳，朱金生. 简明西方经济学 [M]. 2版. 南京：南京大学出版社，2019.

[2] 张向凤，周经，贾欣宇. 国际金融学 [M]. 南京：南京大学出版社，2018.

[3] 谭亮. 经济学原理 [M]. 重庆：重庆大学出版社，2017.

[4] 潘晓滨. 韩国碳排放交易制度实践综述 [J]. 资源节约与环保，2018 (6)：130-131.

[5] 齐绍洲，黄锦鹏. 碳交易市场如何从试点走向全国 [N]. 光明日报（理论版），2016-02-03 (15).

[6] 陈星星. 全球成熟碳排放权交易市场运行机制的经验启示 [J]. 江汉学术，2022，41 (6)：23-31.

[7] COMMISSION DECISION.Establishing a scheme for greenhouse gas emission allowance trading within the Community and amending Council Directive 96/61/EC of the European Parliament and of the Council [J].Official Journal of the European Union, 2003 (37).

[8] COMMISSION DECISION.Establishing guidelines for the monitoring and reporting of greenhouse gas emissions pursuant to Directive 2003/87/EC of the European Parliament and of the Council [J].Official Journal of the European Union, 2004 (59).

[9] COMMISSION DECISION.Establishing guidelines for the monitoring and reporting of greenhouse gas emissions pursuant to Directive 2003/87/EC of the European Parliament and of the Council (notified under document number C (2007) 3416) [J].Official Journal of the European Union, 2007 (229).

[10] COMMISSION DECISION.On the verification of greenhouse gas emission

reports and tonne-kilometre reports and the accreditation of verifiers pursuant to Directive 2003/87/EC of the European Parliament and of the Council Text with EEA relevance [J].Official Journal of the European Union, 2012 (181).

[11] 国家发展改革委.全国碳排放权交易市场建设方案（发电行业）[EB/OL]. [2017-12-18].https://zfxxgk.ndrc.gov.cn/web/iteminfo.jsp?id=2944.

[12] 国务院."十二五"控制温室气体排放工作方案 [EB/OL].[2011-12-01]. https://www.gov.cn/gongbao/content/2012/content_2049995.htm.

[13] 国务院."十三五"控制温室气体排放工作方案 [EB/OL].[2016-10-27]. https://www.gov.cn/gongbao/content/2016/content_5139816.htm.

[14] 国务院.国民经济和社会发展第十二个五年规划纲要 [EB/OL].[2011-03-16]. https://www.gov.cn/2011lh/content_1825838.htm.

[15] 生态环境部办公厅.关于加强企业温室气体排放报告管理相关工作的通知 [EB/OL].[2021-03-28].https://www.mee.gov.cn/xxgk2018/xxgk/xxgk05/ 202103/t20210330_826728.html.

[16] 北京市生态环境局.北京市生态环境局关于做好2023年全国碳排放权交易相关工作 的通告 [EB/OL].[2023-03-22].http://sthjj.beijing.gov.cn/bjhrb/index/ xxgk69/zfxxgk43/fdzdgknr2/zcfb/hbjfw/326071951/326075463/index.html.

[17] 福建省生态环境厅.福建省2021年度碳排放配额分配实施方案 [EB/OL]. [2022-12-01].http://fgw.fujian.gov.cn/ztzl/stwmzt/bmgz/202301/t20230105_ 6087316.htm.

[18] 广东省生态环境厅.广东省2022年度碳排放配额分配方案 [EB/OL]. [2022-12-06].http://gdee.gd.gov.cn/attachment/0/509/509972/4058256.pdf.

[19] 湖北省生态环境厅.关于印发《湖北省2021年度碳排放权配额分配方案》的 通知 [EB/OL].[2022-11-11].http://sthjt.hubei.gov.cn/fbjd/zc/zcwj/sthjt/ ehf/202211/t20221111_4399660.shtml.

[20] 上海市生态环境局.关于印发《上海市纳入2022年度碳排放配额管理单位名单》及《上海市2022年碳排放配额分配方案》的通知 [EB/OL]. [2023-05-29]. https://www.shanghai.gov.cn/gwk/search/content/88d1f2dc6c1c468780b0b1a66998d478.

[21] 深圳市生态环境局.关于公布深圳市2021年度碳排放配额分配方案的公告 [EB/OL]. [2022-06-24]. http://www.sz.gov.cn/szzt2010/wgkzl/jcgk/jcygk/zdzcjc/content/post_9920395.html.

[22] 生态环境部.2021、2022年度全国碳排放权交易配额总量设定与分配实施方案(发电行业)[EB/OL]. [2023-03-15]. https://www.mee.gov.cn/xxgk2018/xxgk/xxgk03/202303/W020230315687660073734.pdf.

[23] 天津市生态环境局.关于天津市2022年度碳排放配额安排的通知 [EB/OL]. [2022-11-30]. https://sthj.tj.gov.cn/ZWGK4828/ZCWJ6738/sthjjwj/202212/t20221202_6049138.html.

[24] 重庆市生态环境局.关于公开征求《重庆市2021年度碳排放配额分配实施方案(征求意见稿)》意见的函 [EB/OL]. [2022-12-15]. https://sthjj.cq.gov.cn/zwgk_249/zfxxgkml/zcwj/qtwj/202212/t20221215_11390283.html.

[25] 姚前,蒋东兴,周云晖,等.碳金融产品标准的制定与实施 [J]. 中国金融标准化,2022(3):1-8.

[26] 中国证券监督管理委员会. JR/T 0244—2022中华人民共和国金融行业标准:碳金融产品 [S]. 2022-04-12.

[27] 朱海鹏,刘蕙,李聪.借鉴国外经验构建我国碳期货市场运行机制 [J]. 中国外资,2023(2):23-25.

[28] 黄锦鹏,程思.加快全国统一碳市场建设与完善 [N]. 中国社会科学报,2022-07-27.

[29] 黄锦鹏,齐绍洲,姜大霖.全国统一碳市场建设背景下企业碳资产管理模式及应对策略 [J]. 环境保护,2019,47(16):13-17.

[30] 黄杰夫. 碳期货发展路径选择 [J]. 中国金融, 2022 (16): 43-44.

[31] 黄杰. 碳期货价格波动、相关性及启示研究——以欧盟碳期货市场为例 [J]. 经济问题, 2020 (5): 63-70.

[32] AHONEN ELENA, CORBET SHAEN, GOODELL JOHN W, et al. Are carbon futures prices stable? New evidence during negative oil [J]. Finance Research Letters, 2022 (47).

[33] LAMPHIERE MARC, BLACKLEDGE JONATHAN, KEARNEY DEREK. Carbon futures trading and short-term price prediction: An analysis using the fractal market hypothesis and evolutionary computing [J]. Mathematics, 2021, 9 (9).

[34] 邓宇. 基于碳排放权的金融产品创新与发展路径 [J]. 银行家, 2022 (1).

[35] 姜思同. 中国碳金融市场运行机制的构建策略研究 [J]. 中国集体经济, 2023 (3).

[36] 杨晓冉. 碳金融产品不断出新 助推绿色低碳转型 [N]. 中国能源报, 2022-08-15 (010).

[37] 吴月蕊, 杜金向. 碳中和背景下碳金融产品创新研究 [J]. 合作经济与科技, 2021 (18).

[38] 尚似融, 叶苡辰, 陈俊衡. 中国碳金融交易市场的风险及防控 [J]. 科技经济市场, 2022 (12): 1-3.

[39] 迟春静. 我国碳金融风险的识别与防范 [J]. 国际商务财会, 2021 (14): 63-66.

[40] 张慧, 魏佳琪, 孟纹羽. 碳金融市场集成风险测度的新方法 [J]. 统计与决策, 2023, 39 (3).

[41] 胡锐. 区域碳金融市场风险管理文献综述与未来展望 [J]. 现代企业, 2021 (11).